现代生物学仪器分析

韩宏岩　许维岸　主编

科 学 出 版 社

北 京

内 容 简 介

现代生物学仪器分析是一个崭新而年轻的领域，它是以化学和物理信息学为基础，交叉融合了生物学的一门综合性学科。本书重点介绍在生物科学中应用非常广泛的仪器分析原理和技术方法，全书共13章，内容包括：生物科学领域常用的光谱技术——紫外光谱、红外光谱、荧光光谱、质谱、圆二色光谱；现代生物样品分离和制备技术——气相色谱、液相色谱和毛细管电泳等；生物材料中元素分析技术——原子发射光谱和原子吸收光谱等；生物电子显微技术——激光扫描共聚焦、透射电子显微技术和扫描电子显微技术、电镜三维重构；与生物大分子相互作用的分析技术——等温滴定量热技术；常用细胞分析和分选技术——流式细胞仪。

本书可作为综合性大学、医学院校和农林院校生物及相关专业本科生教材，也可作为相关专业研究生的参考书。

图书在版编目(CIP)数据

现代生物学仪器分析 / 韩宏岩 许维岸主编. —北京：科学出版社，2018.1
ISBN 978-7-03-054764-4

Ⅰ.①现… Ⅱ.①韩…②许… Ⅲ.①生物学-实验室仪器-仪器分析 Ⅳ.①Q-337

中国版本图书馆CIP数据核字(2017)第246686号

责任编辑：朱 灵 谭宏宇
责任印制：黄晓鸣 / 封面设计：殷 靓

科学出版社 出版
北京东黄城根北街16号
邮政编码：100717
http://www.sciencep.com
南京展望文化发展有限公司排版
广东虎彩云印刷有限公司印刷
科学出版社发行 各地新华书店经销

*

2018年1月第 一 版 开本：787×1092 1/16
2024年2月第十六次印刷 印张：10 1/2
字数：250 000

定价：45.00元

(如有印装质量问题，我社负责调换)

《现代生物学仪器分析》

编　委　会

主　编　韩宏岩　许维岸

副主编　聂永心　汪成富

编　者　（按姓氏笔画排序）

戈志强　许维岸　汪成富　周梦怡

聂永心　顾福根　韩宏岩　蒋　滢

前　言

现代生物学仪器分析是一个崭新而年轻的领域，它是以化学和物理信息学为基础，交叉融合了生物学的一门综合性学科。近年来，随着现代化科学仪器的迅速发展和不断完善，尤其是生物学仪器在生命科学研究中的普及，生物学仪器分析技术成为从事生命科学领域研究必不可少的手段。本书从生物学的角度，兼顾部分生物科学实验室和多年课堂教学实际情况，简明扼要地讲授生物科学研究领域常用仪器的测定原理、基本结构及用途。全书共13章，内容包括：① 生物样品分离鉴定技术，包括离心技术、等电聚焦电泳和双向电泳技术、气相色谱、液相色谱分离技术、生物质谱；② 生物科学领域常用的光谱学仪器，包括紫外-可见光谱、红外光谱、荧光光谱、圆二色光谱；③ 生物材料中元素分析技术，包括原子发射光谱和原子吸收光谱等。本书在编写中，教材内容以与生命科学密切相关的仪器分析为主线，避免与生物化学实验、细胞生物学实验课程内容的重复。本书由浅入深，力求避免烦琐的数学和物理推导，注重对相关仪器基本原理和基本构造的介绍，同课程教学紧密结合，非常适合综合性院校生命科学相关专业本科生使用，也可作为医学、农林及师范类本科生、硕士研究生和进修教师的参考书，并可供相关研究领域人员参考使用。

本教材出版由苏州大学教材培育项目立项资助，感谢苏州大学基础医学与生物科学学院的大力支持，感谢山东农业大学聂永心、苏州大学蒋滢教授在本书编写过程中提供了大量资料和宝贵意见。由于编者水平有限，同时编写时间较为仓促，因此教材中难免存在不妥之处，希望广大读者批评指正。

编　者

二零一七年九月

目　录

第一章　绪　　论

科学上的发现和技术上的发明是从对事物的观察开始的，对事物的精细观察就要借助于科学仪器，特别是自然科学和工业生产领域。科学仪器是开展科学研究和实现发明创造的必要手段，是认识世界的工具。科学发展史一再证明，许多重要科学分支的确立和发展归功于重要的科学仪器装置的研制成功。极谱仪的发明产生了极谱学，色谱仪的发明产生了色谱学，光谱仪的发明产生了光谱学，质谱仪的发明产生了质谱学，而扫描隧道显微镜的发明对纳米科技的兴起和发展起到决定性作用。

随着现代科学技术的不断进步以及交叉边缘新兴学科的不断涌现，相关新的生物分析方法已经成为非常热门的研究课题。生命科学领域的发展与仪器分析的发展息息相关。现代生物学仪器分析技术是一门具有前沿性和发展潜力的交叉学科，涉及电子学、物理学、计算机科学、化学、激光技术等多门学科与技术领域。随着现今科学技术的飞速发展，新的分析仪器和分析方法不断地被创造出来。这些仪器在生物科学、医学、环境科学、药学、材料科学、物理学等领域得到广泛的应用，现代生物学仪器分析技术已成为学科相互渗透的重要手段之一。

第一节　仪器分析概述

一、仪器分析的任务

仪器分析(instrumental analysis)是以物质的物理或化学性质为基础，探求这些性质在分析过程中所产生的信号与物质结构、组成的内在关系和规律，进而对其进行定性、定量、结构和形态分析的一类分析方法。由于这类方法常用到各种比较复杂、精密或特殊的仪器设备，故称为仪器分析。

仪器分析是20世纪40年代发展起来的一类分析方法，是化学学科的重要分支，通过使用仪器测定物质的一些物理和化学特性，获得物质的组成、含量、结构及形态等相关信息，通过使用一些高效的仪器分离分析技术如高效色谱仪，可以取代传统的层析对复杂混合物的分离，可直接进行定性、定量分析。这些分离、分析、检测方法，构成了仪器分析方法。仪器分析是生物科学、食品科学、中药学、药学、药物制剂、环境科学等专业的专业基础课之一。

二、仪器分析的特点

与经典的化学分析相比，仪器分析具有如下特点。

(1) 灵敏度高：仪器分析的最低检出量大大降低，由化学分析的 10^{-6} g 降至 10^{-12} g，甚至更低，适用于微量、痕量和超痕量成分的分析。例如，原子吸收分光光度法测定某些元素的绝对灵敏度可达 10^{-14} g，电子光谱甚至可达 10^{-18} g。

(2) 分析速度快：仪器分析操作简便、快速、重现性好，易于实现自动化、信息化和在线检测，适于批量样品的分析。许多仪器配有自动进样装置和微计算机控制系统，能在较短时间内分析多个样品，满足生产控制的需要，如发射光谱分析法在 1 min 内可同时测定水中 48 种元素。

(3) 试样用量少：仪器分析的样品用量由化学分析的毫升、毫克级降低至微升、微克级，甚至更低，适合于微量、半微量乃至超微量分析。

(4) 可进行无损分析：很多仪器分析方法可在物质的原始状态下使用，实现试样非破坏性分析及表面、微区、形态等分析，测定后试样可回收，适合于活体分析和考古、文物等特殊领域的分析。

(5) 选择性高：很多仪器分析方法可通过选择或调整测定条件，使共存的组分测定时相互间不产生干扰，尤其适合于中药等复杂体系的分析。实现复杂混合物的成分分离、分析和结构测定。

(6) 用途广泛：仪器分析除进行定性、定量分析外，还能进行结构分析、物相分析、微区分析、价态分析及测定分子量、稳定常数等操作，能适应各种分析的要求。

(7) 分析成本高：仪器分析通常需要结构复杂、价格昂贵的仪器设备，分析成本一般比化学分析高，且对环境、维护和操作者的要求较高。

三、仪器分析方法的分类

仪器分析的方法根据测量物质的性质进行分类。通常包括：电化学分析法、光学分析法、色谱分析法和其他仪器分析法。

1. 电化学分析法

电化学分析法(electrochemical analysis)是根据物质在溶液中的电化学性质建立的一类分析方法。以电信号作为计量关系的一类方法，主要包括：电导分析法、电位分析法、库仑分析法、伏安分析法、极谱分析法等。

2. 光学分析法

光学分析法(optical analysis)是根据物质发射的电磁辐射或电磁辐射与物质的相互作用而建立起来的一类分析化学方法，可分为光谱法和非光谱法。光谱法是基于物质与辐射能作用时，测量由物质内部发生量子化的能级之间的跃迁而产生的发射、吸收或散射辐射的波长和强度进行分析的方法。非光谱法是基于物质与辐射相互作用时，测量辐射的某些性质，如折射、散射、干涉、衍射、偏振等变化的分析方法。

光谱法可分为原子光谱法和分子光谱法。原子光谱法是由原子外层或内层电子能级的变化产生的，它的表现形式为线光谱。属于这类分析方法的有原子发射光谱法(AES)、原子吸收光谱法(AAS)、原子荧光光谱法(AFS)、X射线荧光光谱法(XFS)等。分子光谱法是由分子中电子能级、振动和转动能级的变化产生的，表现形式为带状光谱。属于这类分析方法的有紫外-可见分光光度法(UV - Vis)、红外光谱法(IR)、分子荧光光谱法(MFS)和分子磷光光谱法(MPS)等。

3. 色谱分析法

色谱分析法(chromatographic analysis)是利用混合物中的各组分在互不相溶的两相(固定相与流动相)中的吸附、分配、离子交换等性能方面的差异进行分离分析测定的一类分析方法。色谱分析法主要包括气相色谱法(GC)、高效液相色谱法(HPLC)、薄层色谱法(TLC)和离子色谱法(IC)等。此外，还有新近发展起来的超临界流体色谱(SFC)和毛细管电泳技术(CE)，也属于色谱分析的范畴。

4. 其他分析法

除以上三类分析方法外，还有利用热学、力学、声学、动力学等性质进行测定的仪器分析法。其中最主要的有以下三种。

(1) 质谱法(MS)：根据物质带电粒子的质荷比在电磁场作用下进行定性、定量和结构分析的方法。

(2) 热分析法：依据物质的质量、体积、热导、反应热等性质与温度之间的动态关系来进行分析的方法。

(3) 放射分析法：依据物质的放射性辐射来进行分析的方法如同位素稀释法、中子活化分析法等。

第二节 现代生物学仪器分析

一、现代生物学仪器分析概述

生命科学研究的发展，需要对多肽、蛋白质、核酸等生物大分子进行观察分析，对生物药物进行定性定量分析，对超微量生物活性物质(如单个细胞内神经传递物质)进行分析以及对生物活体等进行观察和分析。我国在发展高技术战略的规划中，也把生物技术列为重点领域。生命科学及生物工程的发展向仪器分析提出了新的挑战。当前电泳技术、离心技术、色谱、质谱、磁共振、荧光、化学发光和免疫分析以及化学传感器、生物传感器、化学修饰电极和生物电分析化学等为主体的各种分析手段，广泛应用于生命体与有机组织及分子和细胞水平上，以研究生命过程中某些大分子及生物活性物质的化学和生物本质。现代生物学仪器分析是在仪器分析基础上产生的一个崭新而年轻的领域，它是以化学和物理信息学为基础，交叉融合了生物学的一门综合性学科。

二、生物学仪器分析的应用成果

纵观科学研究的重大历史突破，有许多重大研究成果是科学家因应用仪器分析研究生物科学现象而获得的。Kurt Wuthrich 教授因发现应用磁共振技术测定溶液中生物大分子三维结构的新方法而获得了 2002 年诺贝尔化学奖。磁共振可提供分子空间立体结构的信息，目前已经发展成为分析分子结构和研究化学动力学的重要手段，在有机化学、生物化学、药物化学等领域得到了广泛的应用，这反映出了磁共振技术的迅猛发展及其对前沿研究工作的巨大贡献。日本科学家田中耕一和美国科学家 John Fenn 共同开发出生物大分子的质谱分析技术，发展了基质辅助激光解析电离法，为发展生物大分子的鉴定与结构分析方法做出了重大贡献，获得了 2002 年诺贝尔化学奖。瑞典皇家科学院称赞他们的研究工作“提升了人类对生命进程的认识”。傅里叶变换红外光谱(FTIR)可提供有关分子结构的多种信息，辅以二阶导数、去卷积、曲线拟合等解析方法可以研究蛋白质二级结构的变化规律。近几年，应用 FTIR 从分子水平的角度研究癌症是生物医学领域的热门课题。癌组织和正常组织的谱图表明癌组织样品与正常样品的红外光谱存在明显差异，通过谱图解析可直接或间接地阐明引起谱图变化的主要原因，以及细胞癌变的可能机制和病程进展。在对生物大分子的分析中，生物质谱与其他分析方法相比，准确性和灵敏度高，速度快，易于大规模和高通量操作，因此在基因组学和蛋白质组学研究中扮演着越来越重要的角色。例如，在蛋白分析技术中生物质谱以其不可比拟的优越性能，已经成为蛋白质组学研究中必不可少的技术平台，在蛋白质鉴定、序列分析、定量、翻译后加工(修饰)及蛋白质相互作用等方面得到了广泛的应用，其中，用于蛋白序列分析的生物质谱鉴定方法有基质辅助激光解吸-飞行时间-肽质量指纹谱(MALDI - TOF - PMF)、串联质谱的肽序列标签以及肽段的从头测序。

三、现代生物学仪器分析的发展趋势

现代生物学仪器分析技术正向智能化方向发展，发展趋势主要表现为：基于微电子技术和计算机技术的应用实现分析仪器的自动化，通过计算机控制器和数字模型进行数据采集、运算、统计、处理，实现了分析仪器数字图像处理能力的发展。分析仪器的联用技术向测试速度超高速化、分析试样超微量化、分析仪器超小型化的方向发展。

重点研究方向包括：一是高通量分析，即在单位时间内可分析测试大量的样品；二是极端条件分析，其中单分子单细胞分析与操纵为目前热门的课题；三是在线、实时、现场或原位分析，即从样品采集到数据输出，实现快速的或一条龙的分析；四是联用技术，即将两种或两种以上分析技术连接，互相补充，从而完成更复杂的分析任务。联用技术及联用仪器的组合方式，特别是二联甚至是三联系统的出现，已成为现代分析仪器发展的重要方向；五是阵列技术，如果把联用分析技术看成计算机中的串行方法，那么阵列技术就等同于计算机中的并行运算方法。阵列方法是大幅度提高分析速度或样品批量处理量的最佳方案。一旦将并行阵列思路与集成和芯片制作技术完美结合，仪器分析技术就将向新的领域进发。

现代生物学仪器分析是在细胞和分子水平研究生命过程、生理、病理变化和药物代谢、基因改造的有力工具，是生物大分子多维结构和功能研究、疾病预防与诊断、药品与食品安全保障的常用技术。

第二章　电 泳 技 术

利用带电粒子在电场中的移动速度不同而使混合物分离的技术称为电泳技术。电泳技术是一种先进的分离检测手段，与其他先进技术相配合，能创造出惊人的成果，可使人们用较少代价获得最优效益。因此电泳技术正越来越多地为人们所重视，广泛应用于各个领域。本章在醋酸纤维素薄膜电泳和以淀粉胶、琼脂或琼脂糖凝胶、聚丙烯酰胺凝胶等作为支持介质的凝胶电泳技术的基础上介绍等电聚焦电泳和双向电泳。

第一节　等电聚焦电泳

等电聚焦电泳（isoelectric focusing，IEF）是20世纪60年代由瑞典科学家H. Rilbe和O. Vesterberg建立的一种高分辨率的蛋白质分离和分析技术。它的分离原理是利用蛋白质分子或其他两性电解质分子具有不同的等电点，从而在一个稳定、连续、线性的pH梯度中得到分离。近年来，等电聚焦电泳技术的分辨率有了很大提高，可以分辨pI（等电点）只差0.001的生物大分子，这是等电聚焦最突出的优点，且重复性好，样品容量大，只需要一般的电泳设备，操作更加简便快速，这些优点使等电聚焦技术得到广泛应用。

一、等电聚焦电泳的基本原理

由于各种蛋白质的氨基酸组成不同，因此有不同的等电点。当pH>pI时，蛋白质带负电荷，在电场的作用下向正极移动；当pH<pI时，蛋白质带正电荷，在电场的作用下向负极移动；当pH=pI时，蛋白质所带净电荷为0，在电场的作用下不发生移动。因此可以利用蛋白质不同的等电点对其进行分析和分离。

等电聚焦电泳技术就是在电泳支持介质中加入载体两性电解质（carrier ampholytes），通以直流电后在正负极之间形成稳定、连续和线性的pH梯度，正极附近是低pH区，负极附近是高pH区。蛋白质在pH梯度凝胶中，当大于或小于其等电点时仍带电荷，因此，蛋白质在pH梯度凝胶中受电场力作用能进行电迁移，但在pH梯度凝胶中，当pH等于蛋白质等电点时，蛋白质就失去电荷而停止运动。蛋白质在凝胶中迁移的距离取决于其本身的等电点的大小，当蛋白质分子一旦到达pH等于其等电点的位置，分子所带净电荷为0，就不能再迁移。如果它向等电点两侧扩散，净电荷就不再为0，又会被阴极或阳极吸引回来，直至回到净电荷为0的位置，因此蛋白质在与其本身pI相等的pH位置被聚焦成窄而稳定的区带（图2-1）。这种效应称为“聚焦效应”，保证了蛋白质分离的高分辨率，是等电聚焦最为突出的优点。

等电聚焦电泳是根据蛋白质等电点不同而将不同蛋白质进行分离的技术，也可以根据蛋白条带在 pH 梯度中形成的位置测定未知蛋白质的等电点。

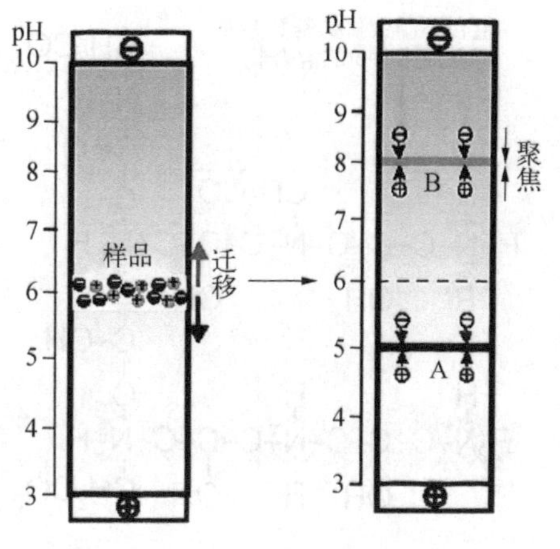

图 2-1　等电聚焦的"聚焦效应"

二、电泳胶中 pH 梯度的形成

在等电聚焦电泳中产生 pH 梯度的方式有两种：一种是人工 pH 梯度，即用两种具有不同 pH 的缓冲液相互扩散，在混合区形成 pH 梯度，由于缓冲液离子的电迁移和扩散使 pH 梯度不稳定，一般用于制备柱电泳；另一种是自然 pH 梯度，即在凝胶中加入载体两性电解质，在电场作用下形成连续的 pH 梯度，凝胶的防对流扩散作用使 pH 梯度保持稳定。两性电解质是同时带有正、负电荷基团的化合物。特殊的两性电解质可以实现 pH 梯度，稳定的 pH 梯度是等电聚焦技术的关键。

1. 载体两性电解质必须具备的条件

载体两性电解质为略带黄色的水溶液，质量分数一般为 40%，于 4℃保存。有不同 pH 范围的两性电解质商品可供选择使用。

作为理想的载体两性电解质，应该具备如下必要的性质。

1）载体两性电解质应溶解性能好，在 pI 处缓冲能力强，形成稳定的 pH 梯度，不致被蛋白质或其他两性电解质改变 pH 梯度。

2）导电性能良好，具有相同的电导系数，在等电聚焦过程中保持均匀的电场，可以适当加高电压，从而缩短电泳时间，提高分辨率，避免由两性电解质质量差而造成的凝胶局部过热，严重时造成烧胶。

3）载体两性电解质应化学性质稳定，无毒、无生物学效应，不影响蛋白质活性。

4）载体两性电解质紫外吸收低，与蛋白质可逆结合，相对分子质量小，易从聚焦的蛋白条带中除去，有利于蛋白质的检测和分析。

从载体两性电解质的结构看：它既带有酸性基团（$—NH_3^+$），又带有碱性基团（$—COO^-$），即它既可接受质子，又可释放质子。

2. 等电聚焦中使用的载体两性电解质

等电聚焦中使用的载体两性电解质是含有正负电基团的一类异构体与同系物的混合物。其化学本质是多羧基、多氨基脂肪族化合物。载体两性电解质是由具有几个 pH 很相近的多乙烯多胺（如五乙烯六胺）与不饱和酸（如丙烯酸）发生加合反应而合成的。调节

图 2-2　等电聚焦的载体两性电解质

胺和酸的比例可以合成多异构物和同系物，以保证很多具有不同而又互相接近的 pK 值和 pI 值，从而得到平滑的 pH 梯度，如图 2-2 所示。

载体两性电解质是一系列脂肪族多氨基和多羧基类的混合物，即是一系列的异构物和同系物，相对分子质量在 300～1 000，各组分的等电点(pI)既有差异又相接近，pI 的范围在 2.5～11。对两性电解质的要求是缓冲力强，具有良好的导电性，相对分子质量小，不干扰被分析的样品等。合成载体两性电解质的原料是丙烯酸和多乙烯多胺。目前常用的载体两性电解质的商品有：Ampholine(LKB 公司)、Pharmlyte(Pharmacia 公司)、Serralyty(Serva 公司)。在制备聚丙烯酰胺凝胶时，将其混溶其中，在外电场作用下，自然形成 pH 梯度。

两性电解质在溶液中的行为可以从两方面看：一方面，溶液的 pH 决定它带电荷的性质，具有不同 pI 的两性电解质在同一环境中带有不同性质和数量的电荷，如溶液 pH=7 时，对 pI=9 的两性电解质来说，是处于酸性环境，带正电荷；但对 pI=3 的两性电解质来说，却是处于碱性环境，故而带负电荷。另一方面，溶液中的两性电解质又破坏了水的解离平衡，使溶液的 pH 有所改变。当某一两性电解质的 pI 较低，即释放质子(H^+)能力较强，使溶液 pH 下降时，这类两性电解质称为酸性两性电解质；而 pI 高的两性电解质可使溶液 pH 上升，称为碱性两性电解质。所以，在溶液中的两性电解质一方面受溶液 pH 的影响，决定其带电的性质；另一方面它又影响周围环境，使溶液 pH 有所改变。

3. pH 梯度形成的原理

在不加电场时，载体两性电解质溶液的 pH 大约是该溶液 pH 范围的平均值。当加入电场后，载体两性电解质根据各自的 pI 值进行分布，低 pI 的分子向阳极移动，高 pI 的分子向阴极移动，直至载体各自的等电点而停止运动，从而形成 pH 梯度。

相邻两种分子的两性载体电解质形成的不同 pH 的等电点层，每一层由于它们的高缓冲能力给予环境一个 pH。两层之间不能形成纯水层，中间部分相互粘连，从而形成平稳的 pH 梯度，如图 2-3 所示。

电泳时凝胶板正极的电极液是磷酸，负极是氢氧化钠。正极是酸性环境，载体两性电解质都带正电荷，但由于载体 pI 的不同，其所带正电荷数量就不同，电泳时向负极泳动的速度也就因此不同。同理，负极是碱性环境，载体两性电解质带有数量不等的负电荷，以不同速度向正极泳动。根据两性电解质的特性，在泳动过程中又不断地与溶液交换质子，改变了溶液的 pH。当达到平衡时，即得失质子相等，不再出现质子的交换，载体两性电解质到达等电点并分别处于自己的 pI 区域，pI 即是指溶液的 pH，所以，溶液也因此呈现不

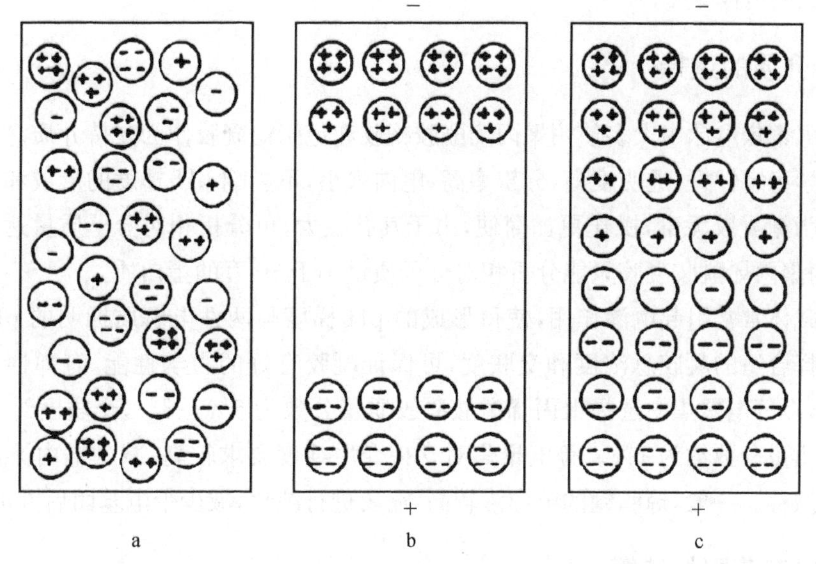

图 2-3　载体两性电解质形成 pH 梯度的机制

a. 通电前的原始状态；b. 通电后 pH 梯度正在形成过程中；c. 已经形成连续 pH 梯度

同的 pH，随载体两性电解质的 pI 梯度而形成 pH 梯度。由于凝胶的防对流扩散作用，使 pH 梯度保持稳定不变。不同 pH 的两性电解质的含量与 pI 的分布越均匀，则 pH 梯度的线性就越好。

pH 梯度的形成有一个时间过程，加入电场后，pH 梯度首先在电极两端开始形成，然后移向中间。例如，在 12 cm 的凝胶距离中，使用 30 W 的功率，Ampholine 在 1 h 后，pH 梯度才能完全形成，2 h 后变化很小。

4. TEMED 对 pH 梯度的影响

载体两性电解质本身可以作为凝胶聚合的促进剂，因此在凝胶制备中可以不加 TEMED（四甲基乙二胺）；如果加入 TEMED，可加速 pH 3～10、中性和碱性范围载体两性电解质凝胶的聚合，对酸性范围无加速作用。TEMED 本身为碱性物质，在 pH 大于 4.5 时能扩展凝胶碱性端 pH 梯度，其扩展幅度与 TEMED 加入量有关，TEMED 可使聚丙烯酰胺凝胶 pH 梯度碱性侧扩展 1～2 pH 单位。由于 CO_2 的影响，碱性侧的 pH 往往达不到指定的 pH，因此 TEMED 的扩展具有实际意义。

第二节　等电聚焦电泳条件的选择

早期等电聚焦电泳是垂直板式，后来发展为水平板式，防止由电极液的电渗作用而引起 pH 梯度的漂变。近几年发展起来的超薄层水平板式等电聚焦电泳具有散热效果好、节省试剂、加样数量多等优点，而且电泳后凝胶的固定、染色和干燥很方便、迅速，利于比较不同样品的电泳结果。

一、支持介质的选择

在等电聚焦电泳中大多使用聚丙烯酰胺凝胶和琼脂糖凝胶作为支持介质。聚丙烯酰胺凝胶化学稳定性好，透明度高，分辨率高，电内渗小，不影响 pH 梯度的形成和蛋白质的分离。琼脂糖凝胶无毒，操作更加简便，由于其孔径大，可分析相对分子质量达 200 万的大分子，而聚丙烯酰胺凝胶只能分析相对分子质量小于 30 万的蛋白质。

凝胶载体常常引起电渗作用，使得形成的 pH 梯度与两性电解质标明的 pH 范围有差别。选择合适的凝胶总浓度和交联度，可保证凝胶有好的力学性能，有弹性和高透明度。一般，在等电聚焦中选择聚丙烯酰胺凝胶质量分数为 5%～8%，交联度约为 3%；琼脂糖凝胶质量分数约为 1%。等电聚焦对支持介质纯度要求较高，减少电内渗，pH 梯度不会产生漂移。一般，琼脂糖的电内渗较高，需要进行纯化，减少带电基团后方可使用。

二、pH 梯度范围的选择

载体两性电解质的质量是高分辨率等电聚焦的关键因素，只有选择优质的载体两性电解质，才能得到连续稳定的 pH 梯度，使蛋白质很好地聚焦。根据被分析蛋白质的等电点选择合适的 pH 梯度范围，凝胶的 pH 梯度范围是由所使用的载体两性电解质的 pH 范围决定的。宽范围的 pH 梯度适应范围广，对于具有不同 pI 的蛋白质混合样品或未知蛋白质样品尤其适用；窄范围的 pH 梯度用于已知 pI 的蛋白质样品，可以提供高分辨率，增大加样量，更有利于制备。在测定未知蛋白时，可先采用 pH 3～10 的载体，经初步确定待测蛋白质样品的 pI 位置后改用较窄的 pH 梯度范围以提高分辨率。有时实验为保证 pH 梯度的线性或对梯度的特殊要求，将两种或两种以上 pH 范围的载体两性电解质混合，提高 pH 重叠区域的分辨率和加样量。

在使用 pH 7 以上或以下范围时，因缺少中性载体，在聚焦过程中载体与电极之间 pH=7 的部位就会形成纯水区带，纯水的电导极低，必须避免此现象。凡使用离开中性 pH 范围的载体时应加入相当于 0.1 载体量的 pH 6～8 或 pH 3～10 的载体。在 pH 低于 3 时，可加有机酸（如一氯醋酸、二氯醋酸、甲酸、乙酸），pH 低于 10 时，可补加胺使 pH 增加到 11。

pH 梯度的稳定性决定于载体两性电解质的质量、电泳中的电参数，也与凝胶系统的成分有关。例如，在凝胶中添加 10%～15%的甘油、蔗糖或山梨糖醇，以增加凝胶的机械稳定性和渗透能力，减少电泳时凝胶的渗出液，增加凝胶与玻璃的黏着度，减少电内渗，以提高 pH 梯度的稳定性。

三、支持介质丙烯酰胺的聚合

丙烯酰胺凝胶的聚合是等电聚焦中的第一个关键步骤，聚合方式多采用过硫酸铵

(AP)-四甲基乙二胺(TEMED)催化系统的化学聚合方法。根据实验条件调节AP和TEMED的用量，使凝胶在40 min～1 h聚合为宜。过多的催化剂和加速剂会导致等电聚焦过程中烧胶、蛋白质变性和蛋白条带畸变。由于在酸性条件下，TEMED引发AP产生自由基的过程被延迟，聚合时间延长，因此对酸性pH范围(pH<5)的丙烯酰胺聚合不能使用AP-TEMED系统。人们对各pH范围丙烯酰胺凝胶聚合的催化系统做了很多探索，发现亚甲基蓝-二苯氯化碘-甲苯亚磺酸钠或核黄素-二苯氯化碘-甲苯亚磺酸钠系统是近年来用于酸性pH范围丙烯酰胺凝胶聚合较成功的催化系统。

TEMED除了在凝胶聚合反应中起加速剂的作用，还能扩展聚丙烯酰胺凝胶pH梯度碱性端的pH，添加不同量的TEMED可以使阴极端pH得到不同程度的扩展，使得pH 3.5～9.5的载体两性电解质能得到pH 3.5～11甚至更宽的梯度，TEMED的这种扩展作用在分析碱性蛋白时有实用意义。

四、电极溶液的选择

电极溶液通常是由不挥发的酸或碱配制的，阳极电极溶液的pH比阳极端pH略低，阴极电极溶液pH比阴极端pH略高。当载体组分迁移到凝胶的末端并与酸或碱接触时，将发生质子化或去质子化，因而改变它们的泳动方向，并留在凝胶中。通常强酸或强碱作为宽pH范围的电极液，弱酸或弱碱作为窄pH范围的电极液；采用pH梯度的末端载体两性电解质作为阳极溶液或阴极溶液，同样也可产生pH梯度，并具有pH梯度的稳定性随时间的增加而增强的优点。使用合适的电极液可以增加pH梯度的稳定性，提高分辨率。每次实验使用相同浓度和相同体积的电极液，就会得到重复的实验结果。

五、样品处理及加样方法

样品溶液中的盐离子，哪怕是很低浓度，也会破坏pH梯度，使蛋白条带畸变，盐离子还会产生高电流，导致烧胶，所以样品溶液必须避免使用高盐浓度的缓冲液。在等电聚焦之前，可以通过透析或凝胶过滤层析柱除盐。样品溶解性要好，否则会产生蛋白质条带的拖尾和纹理现象。一些蛋白质在水中溶解度降低，可在透析液中添加适当浓度的甘氨酸、蔗糖，保持蛋白质的天然结构，增加蛋白质的溶解度，并且不会干扰pH梯度的形成。常用尿素、无离子去污剂剂或两性离子去污剂来提高疏水蛋白在水中的溶解性。一般4～8 mol/L尿素用以改善疏水蛋白和pH接近pI时蛋白的溶解性，也常用于增加多肽的溶解度。在凝胶中也要加相应浓度的尿素，必须使用高质量的尿素并新鲜配制，否则尿素的水解产物氰酸盐会引起蛋白质的氨基甲酰化，改变其等电点。还可以在样品和凝胶中加入适当浓度的无离子去污剂或两性离子去污剂如Triton X-100、NP-40、Tween 20和Chaps等，它们能在保持蛋白质生物活性的情况下改善其溶解度。样品中还可以加入低浓度(1.0 mmol/L)的还原试剂如β-巯基乙醇、二硫苏糖醇等，防止蛋白质的氧化，保持酶的生物活性。

根据等电聚焦的原理，样品加在凝胶上任何合适的位置都可得到相同的结果(图 2-4)。一般 pI 在 6 以下的样品置于负极附近，pI 在 6 以上的样品置于正极附近，加样点要离电极至少 1 cm，以防蛋白质变性。样品如加在其等电点位置附近，样品溶解度小，不易从滤纸块渗透到凝胶中，不利于提高分辨率。如果是未知等电点的样品，可用不同加样量、不同加样位置来确定合适的加样浓度和位置。对于容易变性的样品，可先进行 15～30 min 的预聚焦，再将样品加在其等电点附近，以缩短电泳时间。含尿素的样品应加在预聚焦凝胶的阳极端，因为在 pH<5 时，不会产生氰酸盐。加样时按凝胶下面坐标纸的格子将样品加在凝胶合适的位置上，加样量取决于样品中蛋白质种类、数量、pH 梯度范围、凝胶厚度以及检测方法的灵敏度，窄 pH 梯度范围和厚胶的加样量应多于宽 pH 梯度和薄胶。浓度高的微量样品可用微量进样器直接加在胶面上，较稀样品用几层擦镜纸浸透样品溶液加在胶面上，聚焦一段时间后，去掉加样滤纸，可减少拖尾现象。一般用考马斯亮蓝 R-250 染色时，对于 0.5 mm 厚的凝胶，样品浓度为 0.5～2 μg/μL，加样体积为 5～20 μL。如果样品较浓，可直接在凝胶上滴加 1～3 μL 样品。如用银染法检测，加样量可减少 95%～98%。

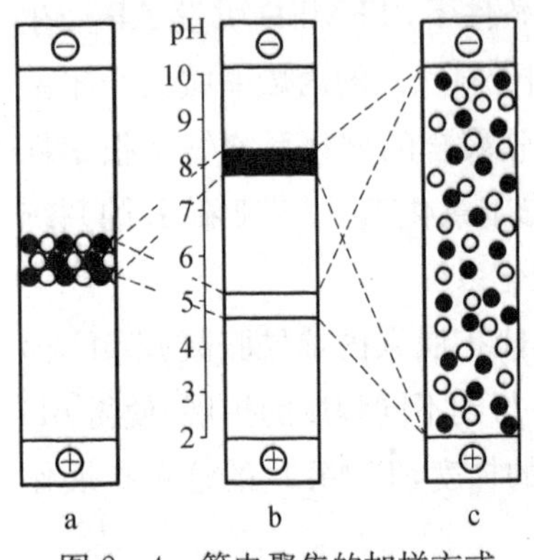

图 2-4　等电聚焦的加样方式

a. 样品加在凝胶上任何位置；b. 聚焦后结果相同；c. 样品加在整个胶中

六、等电聚焦过程中电参数的变化

在等电聚焦电泳中，通常采用恒功率方式。在电泳过程中，随着样品向等电点迁移，电流会越来越小，为提高分辨率和缩短电泳时间，应采用较高的电压，但过高的电压会使凝胶产热，可能造成样品变性，影响 pH 梯度的稳定性，甚至烧胶。这就要求载体两性电解质导电性能好，电泳装置的冷却效果好。另外，丙烯酰胺的纯度、催化剂和加速剂的用量及凝胶的厚度都会影响等电聚焦的效果。凝胶越薄，冷却系统效果越好，可使用较高电压，则分辨率也就越高，电泳时间越短。电泳中所使用冷却水的温度应为 4～10℃，避免使用温度过低的冷却水，会使凝胶周围产生冷凝水而导致烧胶。

等电聚焦的时间取决于凝胶的 pH 范围、样品的迁移率和电泳的电参数。一般在窄 pH 范围所需电泳时间较长，在宽 pH 范围所需电泳时间相对较短。合适的等电聚焦时间对电泳分离效果是重要的，聚焦时间不够，不能达到预期的分离效果；聚焦时间过长，pH 梯度会发生改变，也会影响分离效果。根据等电聚焦的原理，样品在聚焦过程中电流会越来越小，当到达等电点位置时，电流为 0，此时认为等电聚焦完成。在实际电泳中，当凝胶的电流已达到最小值时，不再降低，即可认为聚焦完成。

实验操作中，开始电泳时要求恒压 60 V，15 min，目的在于使泳动快的小分子载体两性电解质在短时间内形成一个粗略的 pH 梯度。此后恒流 8 mA，是为了避免电泳开始时介质中带电颗粒较多、电流过高而破坏凝胶。当各种蛋白质逐渐泳动到各自等电点位置时，带电颗粒逐渐减少，出现电阻增大、电压随之增高的现象，当电压升到 550 V 时，带电颗粒已大为减少，电流不再偏高，故恒压到 580 V。继续电泳 2 h 后，蛋白质颗粒慢慢地集中到它的等电点位置。当电流接近于 0 时，蛋白质颗粒不再泳动，电泳也到此结束。蛋白质样品也因其等电点的差异而得到集中和彼此分开。如果实验采用高压电泳仪，在凝胶上可加更高的电压，可缩短电泳时间，但对电泳装置的冷却能力要求更高。

七、pH 梯度和 pI 的测定

pH 梯度的检测方法有几种，一种方法是从凝胶板上顺电场方向取一窄条凝胶条等距离切成小块，在蒸馏水中浸泡后，用 pH 试纸或微电极测定浸泡液的 pH，此方法烦琐且准确度低；另一种方法是平板电泳可以用表面微电极直接测定 pH 梯度，但需要昂贵的仪器，且干扰因素多。目前最常用的方法是用等电点蛋白质标准品来做 pH 梯度的测定，图 2－5 是不同等电点蛋白质标准品的等电聚焦电泳图。等电聚焦时，根据所用两性电解质的 pH 范围选择合适的等电点蛋白质标准品，将已知 pI 的蛋白质标准品与待测样品在同一块凝胶上加样，同时电泳，电泳结束后，根据凝胶染色后已知蛋白质标准品条带的位置对其相应的 pI 作 pH 梯度标准曲线，再根据待测样品在凝胶上的位置可在标准曲线上查出它的 pI 值，图 2－6 是不同等电点蛋白质标准品从阴极到阳极的泳动距离与等电点的关系曲线。

胰蛋白酶原pI=9.3
植物外源凝集素(碱性带) pI=8.65
植物外源凝集素(中性带) pI=8.45
植物外源凝集素(酸性带) pI=8.15
马肌红蛋白(碱性带) pI=7.35
马肌红蛋白(酸性带) pI=6.85
人碳酸酐酶B pI=6.55
牛碳酸酐酶B pI=5.85
β乳球蛋白A pI=5.20
大豆胰蛋白酶抑制剂 pI=4.55
淀粉葡萄糖苷酶 pI=3.5

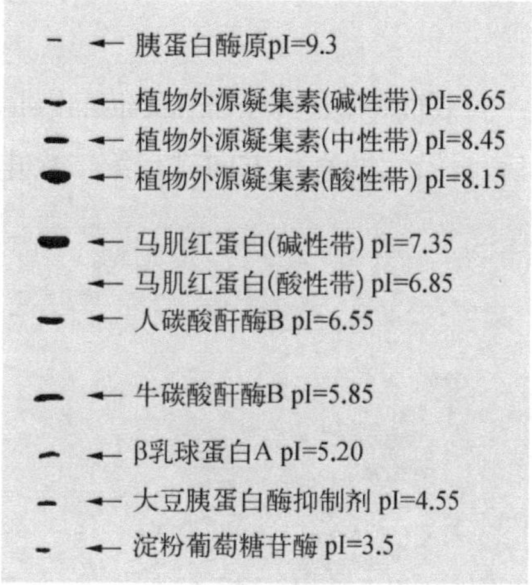

图 2－5 不同等电点蛋白质标准品的等电聚焦电泳图谱

10.00
9.50
9.00
8.50
8.00
7.50
7.00
6.50
6.00
5.50
5.00
4.50
4.00
3.50
3.00
pI
胰蛋白酶原
植物外源凝集素(碱性)
植物外源凝集素(中性)
植物外源凝集素(酸性)
马肌红蛋白(碱性)
马肌红蛋白(酸性)
人碳酸酐酶B
牛碳酸酐酶B
β乳球蛋白A
大豆胰蛋白酶抑制剂
淀粉葡萄糖苷酶
0
1.0
2.0
3.0
4.0
5.0
6.0
7.0
8.0
9.0
从阴极到阳极的距离/cm

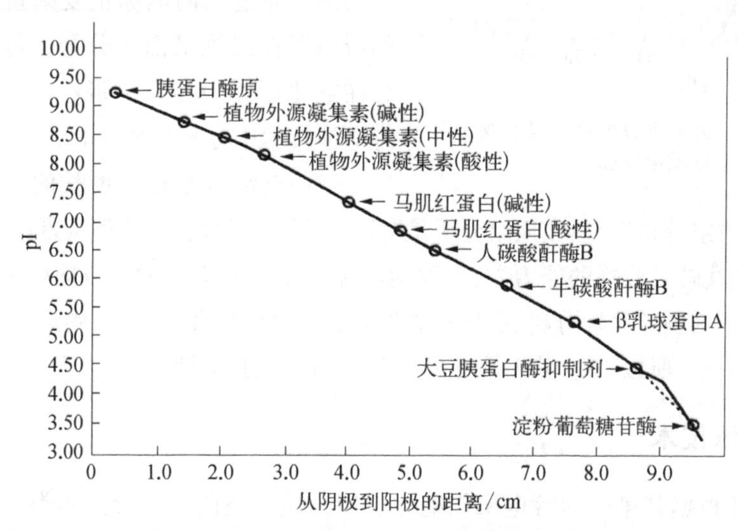

图 2－6 不同等电点蛋白质从阴极到阳极的泳动距离与等电点的关系曲线

八、等电聚焦后的染色方法

等电聚焦后样品均保持原有的生物活性，一般电泳中所述的染色方法均适用。不同的是等电聚焦后的凝胶应先用三氯乙酸和磺基水杨酸固定，再用脱色液漂洗去酸溶性的载体两性电解质，然后进行染色。脱色液中应有适量的醇，用于染料-两性电解质复合物的溶解，有利于背景脱色，较高的温度和不断摇动可加速这一过程。等电聚焦后呈现高分辨率的蛋白质条带，利用激光对凝胶扫描，对样品进行定量分析和辨认；也可进行电泳转移、双向电泳对蛋白质条带进行进一步分析。

第三节　双向电泳

双向电泳（two-dimensional electrophoresis, 2DE）分离技术是将样品进行一次电泳后，再沿它的直角方向进行第二次电泳。人们把这种不同方向的两种电泳的组合方式称为双向电泳或二维电泳。

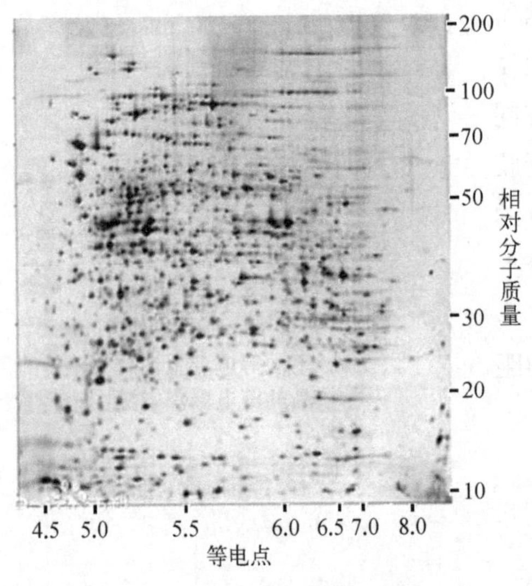

图 2-7　双向电泳分离鼠肝提取液蛋白质电泳图谱

在大多数双向电泳中都是等电聚焦电泳，为第一向电泳；SDS-聚丙烯酰胺凝胶电泳为第二向电泳。样品首先经过等电聚焦分离（按等电点的差异分离），然后按照相对分子质量的大小分离。通过双向电泳分离两次后，可以得到每个分子的等电点和相对分子质量的参数。分离后的电泳图谱不是条带，而是圆点，图 2-7 为双向电泳分离鼠肝提取液蛋白质电泳图谱。通过双向电泳把复杂蛋白混合物中的蛋白质在二维平面上分开。每个蛋白质组分在电泳图谱中为一个蛋白点。这是目前所有电泳技术中分辨率最高的一种方法。

双向电泳技术正在增长的一个大的应用领域是“蛋白质组分析”。蛋白质组分析是“分析一个基因组表达的整个蛋白质集合”。在鉴定转录后和共转录修饰的能力方面，双向电泳也是独一无二的。双向电泳的应用包括蛋白质组分析、细胞差异性分析、疾病标志检测、治疗检测、药物开发、癌症研究、纯度检测和微量蛋白纯化。所以，双向电泳在生化分析中占有重要的地位。

一、双向电泳技术

双向电泳根据其第一向等电聚焦电泳使用介质的不同可以分为两类，一类是 ISO-Dalt（等电点-道尔顿），是用载体两性电解质配制成的聚焦凝胶系统，是一种传统的双向电泳方式;另一类是 IPG-Dalt(IPG=immobilized pH gradient,固相 pH-道尔顿),是将载体两性电解质偶联在凝胶上的聚焦系统。

1. ISO-Dalt 系统

第一向等电聚焦电泳是在细管中(直径 1~3 mm)中加入含有两性电解质、8 mol/L 的脲以及 NP-40 非离子型去污剂的聚丙烯酰胺凝胶进行等电聚焦,变性的蛋白质根据其等电点的不同进行分离。而后将凝胶从管中取出,用含有 SDS 的缓冲液处理 30 min,使 SDS 与蛋白质充分结合后进行第二向 SDS-聚丙烯酰胺凝胶电泳。

将处理过的凝胶条放在 SDS-聚丙烯酰胺凝胶电泳浓缩胶上,加入丙烯酰胺溶液或熔化的琼脂糖溶液使其固定并与浓缩胶连接。在第二向电泳过程中,结合 SDS 的蛋白质从等电聚焦凝胶中进入 SDS-聚丙烯酰胺凝胶,在浓缩胶中被浓缩,在分离胶中依据其相对分子质量大小被分离,图 2-8 是 ISO-Dalt 系统操作过程。

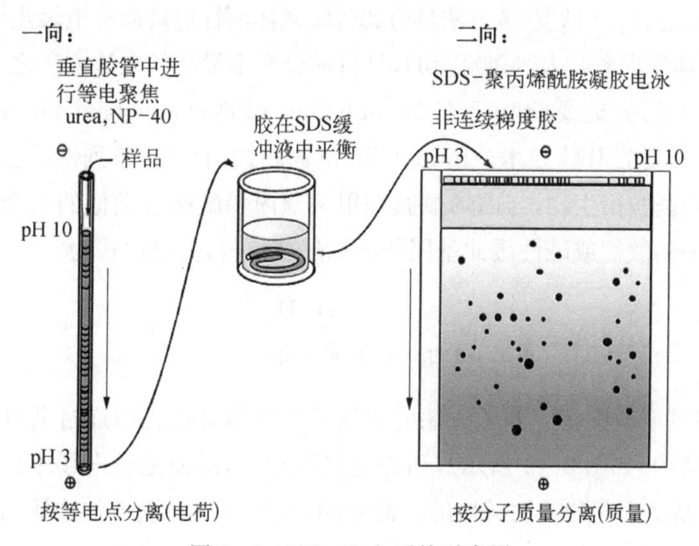

图 2-8 ISO-Dalt 系统示意图

在双向电泳中,第二向电泳大多数采用 SDS-聚丙烯酰胺凝胶。SDS-聚丙烯酰胺凝胶有 3 种灌胶形式,即均匀胶、不连续梯度胶和连续梯度胶。

均匀胶与常规的 SDS-聚丙烯酰胺凝胶一样,只用一种浓度的分离胶,一次注入。凝胶聚合后浓度均匀,筛孔大小一致;不连续梯度胶是用几种不同浓度的分离胶,一层一层地由下至上注入,每层高 1.5~2.0 cm,沿着电泳方向浓度不断增高。凝胶聚合后每层浓度是均匀的,筛孔大小一致。层与层之间浓度不一样,筛孔大小有区别;连续梯度胶用一个高浓度的分离胶和一个低浓度的分离胶,通过梯度混合器连续注入。制胶方式有上注式和下注式。前者是将梯度胶出口置于胶板上沿,胶浓度由高至低流入,沿着电泳方向凝胶浓度逐渐增高。后者是将梯度胶出口插于胶板下沿,胶浓度由低至高流入,逆电泳方向凝胶浓度逐渐降低。凝胶聚合后浓度由低至高连续变化,筛孔由大变小。

2. IPG - Dalt 系统

尽管 ISO - Dalt 系统有很高的分辨率,但仍有许多不足之处,主要问题是第一向聚焦电泳。例如,阴极漂移容易使部分碱性蛋白质丢失,载体两性电解质 pH 梯度不够稳定,受电场和时间的影响较大,重复性不十分理想。基于上述原因,1975 年 Gasparic 等合成了固相 pH 介质,1982 年使用固相 pH 梯度等电聚焦电泳分离蛋白质,不但可以避免碱性蛋白质容易丢失的问题,而且还可以得到整个 pH 范围的双向电泳图谱。

与 ISO - Dalt 系统不同的是,IPG - Dalt 系统第一向电泳是一种新颖的等电聚焦电泳,即固相 pH 梯度(IPG)等电聚焦电泳,第二向电泳与 ISO - Dalt 系统相同,多采用 SDS -聚丙烯酰胺凝胶。

固相 pH 梯度等电聚焦电泳是当利用一系列具有弱酸和弱碱性质的丙烯酰胺衍生物滴定时,在滴定终点附近形成 pH 梯度并参与丙烯酰胺的共价聚合,从而形成固定的、不随环境电场等条件变化的 pH 梯度,该方法具有比传统载体两性电解质等电聚焦更高的分辨率、更大的上样量,其分辨率可达到 0.001 pH,是目前分辨率最高的电泳方法之一,固相 pH 梯度等电聚焦技术的突破要归功于在 Immobilines 试剂(amersham pharmacia biotech,APB)的基础上开发的 IPG 技术。Immobilines(固相试剂)是一系列性质稳定的具有弱酸弱碱性质的丙烯酰胺衍生物,与丙烯酰胺和甲叉双丙烯酰胺有类似的聚合行为。每个分子都有一个单一的酸性或碱性缓冲基团与丙烯酰胺单连,其结构式为

$$CH_2=CH-\overset{\overset{\Large O}{\|}}{C}-\overset{\overset{\Large H}{|}}{N}-R$$

其中,R 代表羧基或叔胺基。分子一端的双键可以在聚合过程中通过共价键键合镶嵌到聚丙烯酰胺介质中,如图 2 - 9 所示。所以它是固相的,即使是在电场中也不会漂移。分子另一端的 R 基团为弱酸或弱碱性的缓冲基团,在缓冲体系滴定终点附近的一段 pH 范围内可形成近似线性地分布在 pH 3～11 范围的缓冲体系。固相 pH 梯度与载体两性电解质 pH 梯度的区别在于前者的分子不是两性分子,在凝胶聚合时便形成 pH 梯度,后者是两性分子,在电场中迁移到自己的等电点后才形成 pH 梯度。因此固相 pH 梯度不受脱水、重新水化和电场等因素的影响,能得到很稳定的 pH 梯度,不会产生 pH 漂移,从而达到高度的重复性。目前可以精确制作线性、渐进性和 S 形曲线,范围或宽或窄的 pH 梯度。

固相 pH 梯度可窄至 pH 0.1 的范围,因此分辨率极高,可达 0.001 pH;pH 梯度稳定,不漂移;灵活性大,可随意选择 pH 梯度和斜率;重复性好;加样容量大;样品中盐的干扰小;对碱性蛋白质也能很好地分离,无边缘效应,故可用很窄的胶条(如 5 mm 宽)聚焦,特别适合用作双向电泳的第一向。但固相 pH 梯度灌胶技术复杂,只能使用聚丙烯酰胺凝胶,电泳时候需要高电压,电泳时间长。IPG 凝胶与其他聚焦电泳相同,但是使用的凝胶一般不用自己配制,而是购买的整块胶。电泳前根据需要切成 3～5 mm 的胶条,分次使

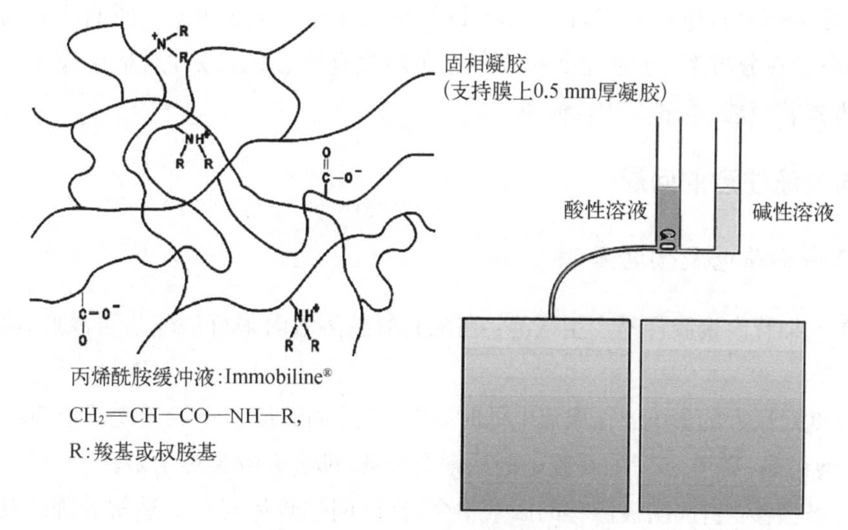

图 2-9 IPG-Dalt 系统示意图

用。作为双向电泳第一向电泳的固相 pH 梯度,必须含有尿素、去污剂等。购买的凝胶一般都是以干胶的形式出售的,所以使用前必须在含有上述成分的溶液中溶胀,这一过程称为重新水化。由于在溶胀液中含有高浓度的尿素,因此溶胀温度不宜过高,否则尿素结构会因温度过高而遭到破坏,产生氰酸盐,使蛋白质分子的氨基甲酰化,而影响分析效果。一般溶胀温度不宜超过 30℃。

IPG-Dalt 系统样品准备和加样、聚焦电泳、平衡、凝胶转移及拼接、SDS 电泳和染色等步骤与 ISO-Dalt 系统相似,在此不做详细介绍。

二、双向电泳模式的选择

1. 双向电泳的次序选择

在双向电泳中大多数都采用等电聚焦电泳为第一向电泳,SDS-PAGE 电泳为第二向电泳,也就是说,先根据不同蛋白质所带电荷进行分离,后根据不同蛋白质的相对分子质量进行分离。但有时也可以采用相反的顺序,先进行质量分离,后进行电荷分离,采用这一顺序的优点在于克服了某些蛋白质溶解难的问题,但存在以下问题。

1) SDS-凝胶电泳分离后,凝胶中的盐离子并不是均匀分布的,盐离子会使等电聚焦电泳时的电场发生变化。

2) SDS 的存在会引起聚焦点发生位移,影响真实 pI 值的分辨。

3) 聚焦电泳使用大孔胶,易造成蛋白质条带扩散、变宽。

2. 垂直与水平方式的选择

双向电泳的第二向电泳可以采用垂直方式,也可以采用水平方式。一般来说,ISO-

Dalt 系统多采用垂直电泳方式，而 IPG - Dalt 多采用水平电泳方式。垂直方式与水平方式的双向电泳在分辨率、点的大小和分布方面均没有明显的区别，只是在操作上有所区别，垂直方式较烦琐，水平方式较简单。

三、双向电泳注意的问题

1. 第一向等电聚焦电泳

1）在毛细管内聚胶容易产生气泡：在配制凝胶溶液时最好脱气后再灌胶，降低聚焦温度。

2）温度对尿素的影响：在聚焦电泳时，控制合适的温度。一般温度低于 20℃的凝胶中的尿素会结晶；高于 30℃的凝胶中的尿素会分解，都会影响聚焦结果。

3）阴极漂移：引起阴极漂移的因素很多，具体问题具体对待。通常处理的几种办法有降低电压，减少过硫酸铵的用量，更换阴极液，检查是否有渗漏等。

2. 第二向 SDS-聚丙烯酰胺电泳

1）电泳时显示电流太高：可能在正极和负极之外存在着其他电流通路，电极液有渗漏。

2）电泳速度太慢：可能是设定电压过低或电极液的离子强度太高。

3. 银染色

1）显色点太弱：样品中蛋白质含量较低，蛋白质固定不好，第一向电泳胶漂洗时间太长，戊二醛质量有问题，显影时溶液的 pH 不对等。

2）凝胶背景太深：凝胶漂洗不干净，显影溶液的 pH 偏高，显影时间太长。

4. 重复性

1）重复性差：样品不稳定，测试试剂过期，操作不熟练，电泳条件控制不一致。

2）凝胶聚合的重现性差：凝胶聚合的重现性对电泳结果的重现性起主导作用，而凝胶聚合的重现性又是比较难控制的一个环节，如凝胶的均匀度、孔径的大小等。凝胶聚合与诸多因素有关，如单体和催化剂的质量、聚合温度、聚合时间等。

四、双向电泳的应用

随着双向电泳第一向的等电聚焦技术的发展，固相 pH 梯度和 Immobiline™试剂的产生使第一向等电聚焦的分辨率和重复性有很大提高。固相 pH 梯度代替了载体两性电解质产生的 pH 梯度，带支持膜凝胶代替了管胶。同时由于质谱技术被引入双向电泳，能快速识别和鉴定取自单个二维凝胶斑点微量的蛋白质和多肽，大大提高了双向电泳的分辨率和重复性。随着功能更强大的计算机及分析软件、点图像数据库、基因组数据库的出现，可以迅速对双向电泳复杂的图像进行分析鉴定。

双向电泳技术正在增长的一个大的应用领域是“蛋白质组分析”。蛋白质组分析是“分析一个基因组表达的整个蛋白质集合”。分析包括对来自一个样品的大量蛋白质同时进行系统地分离、识别和定量。双向电泳由于能同时分离上千种蛋白而得到应用。在鉴定转录后和共转录修饰的能力方面双向电泳也是独一无二的，这些修饰不能通过基因组序列预测。双向电泳的应用包括蛋白质组分析、细胞差异性分析、疾病标志检测、治疗检测、药物开发、癌症研究、纯度检测和微量蛋白纯化。所以，双向电泳在生化分析中占有重要的地位。

思 考 题

1. 简述等电聚焦电泳中 pH 梯度形成的原理。
2. 简述等电聚焦电泳法的原理、特点。
3. 什么是双向凝胶电泳？简述在生物学中的应用。
4. 载体两性电解质 pH 梯度与固相 pH 梯度有何区别？

第三章　离心技术

要进行某种生物大分子物质(如蛋白质、核酸、酶)和细胞器的分离、提纯,或测定某些纯品的部分性质,离心是最常用的方法之一。随着离心技术的进步和离心设备的不断完善,尤其是高速和超速冷冻离心机相继问世,离心分离已成为生命科学研究中一项最基本的技术。

第一节　基本原理

一、离心力

离心是利用旋转运动的离心力,以及物质的沉降系数或浮力密度的差别进行分离的一项实验技术。当质量为 m 的粒子以一定角速度做圆周运动时要受到一个向外的离心力 F。这种力的大小取决于角速度 ω(rad/s)和旋转半径,方程式为

$$F = mr\omega = mr\left(\frac{2\pi N}{60}\right)^2$$

式中,m 为沉降固体颗粒的有效质量(g);r 为离心半径,即转子中心轴到沉降颗粒之间的距离;N 为离心机每分钟的转数(r/min)。目前,F 通常以相对离心力 R_{CF} 来表示,即离心力 F 的大小相当于地球引力(g)的多少倍,因而称相对离心力。可表示如下:

$$R_{CF} = \left(\frac{2\pi N}{60}\right)^2 r \frac{m}{g} m = 1\,119 \times 10^{-5}\ N^2 r$$

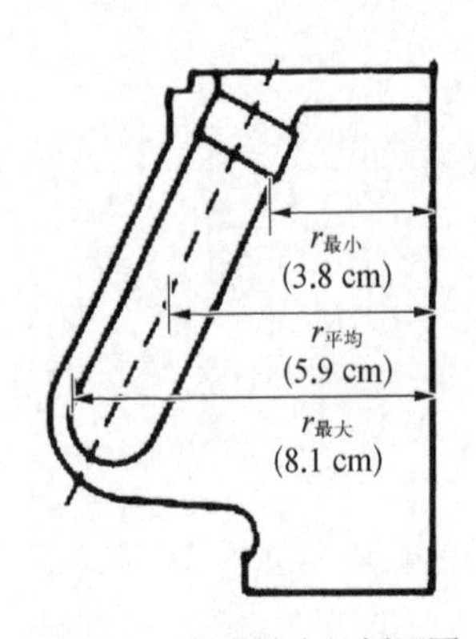

图 3-1　角度转头的剖面图
Spinco L 型,408 号转头

式中,R_{CF} 为相对离心力,单位以重力加速度 g 的倍数表示。此公式描述了相对离心力与转速之间的关系。由于转头的形状及结构的差异,每台离心机的离心管从管口到管底各点与旋转中心的距离是不同的(图 3-1),因此旋转半径用 $r_{平均}$ 代替。

$$r_{平均} = \frac{r_{最大} + r_{最小}}{2}$$

为了使用方便,Dole 和 Contzias 制作了转头速度(r/min)和半径相对应的测算图,见图 3-2,可以方便地将离心机转速换算成相对离心力 R_{CF}。首先在半径 r 标尺上取已知的半径,

在转速 V_R 标尺上取已知转数，然后，将这两点划一条直线，直线与图中间 R_{CF} 标尺上的交叉点即为相应的 R_{CF}。注意，若已知的转数处于 V_R 标尺的右边，则应读取 R_{CF} 标尺右边的数值。同样，转数处于 V_R 标尺的左边，则读取 R_{CF} 标尺左边的数值。因此，为了准确表示离心条件，应该注明离心机的型号和采取的离心速度(r/min)，或者用 R_{CF} 表示。

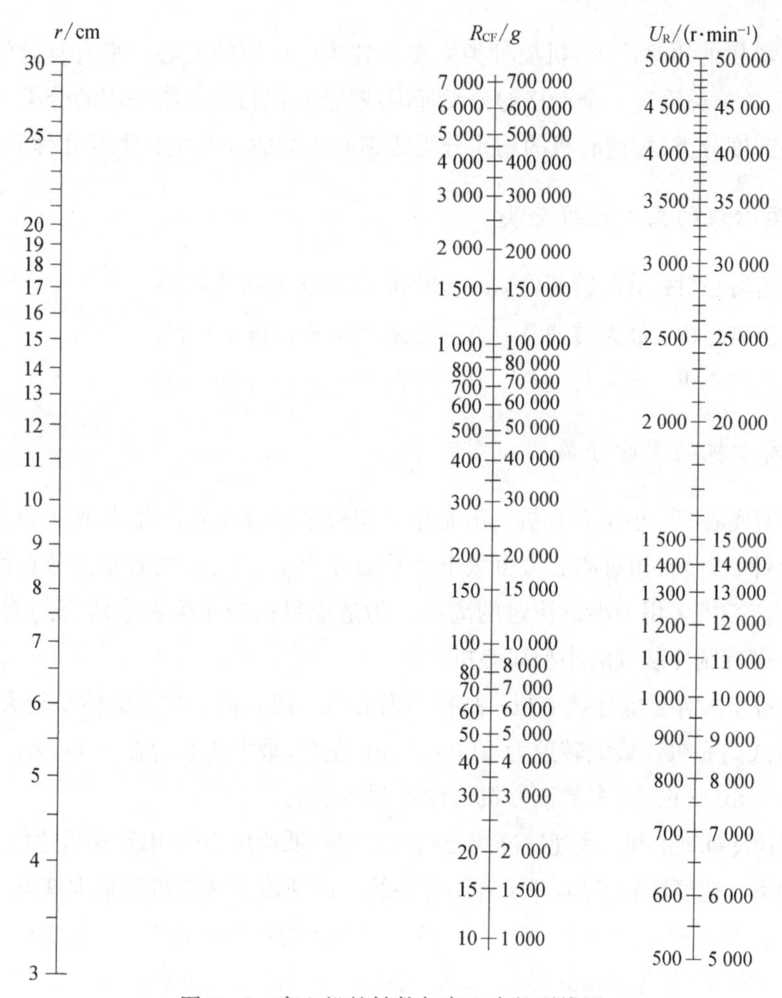

图 3-2 离心机的转数与离心力的列线图

二、沉降系数

受离心力作用的分子或颗粒，单位时间内运动的距离称沉降速度，而单位离心力作用下的沉降速度称沉降系数(s)，其单位用 Svedberg 表示(简称 S)，量纲为秒。1S 单位等于 1×10^{-13} 秒。常用 S 表示某些生物大分子、亚细胞及亚细胞器的大小，如 16 SRNA 等。

$$s = 2.303 \times \frac{\lg(r_2/r_1)}{\omega^2(t_2/t_1)}$$

式中，r_1、r_2 为测定起始与结束时颗粒距转轴中心距离；t_1、t_2 为沉降起始与结束时间。

第二节　离心机的种类和基本结构

一、种类

由于离心机的用途广泛，机型种类繁多。各生产厂家的离心机都有自己的特色。因此，对离心机的分类没有一个严格的分类标准或规定，但目前通常采用的分类方法有以离心机的离心速度分类、按离心机的用途分类或离心机的驱动系统分类等几种方法。

1. 按离心机的离心速度分类

(1) 低速离心机：最大转速(V_{max})一般在 6 000 r/min 左右。

(2) 高速离心机：最大转速(V_{max})一般在 25 000 r/min 左右。

(3) 超速离心机：最大转速(V_{max})一般在 100 000 r/min 左右。

2. 按离心机的用途分类

(1) 小型离心机：小型离心机一般是指体积较小的台式离心机，转速可以从每分钟数千转到每分钟数万转，相对离心力由数千 g 到数十万 g，离心管的容量由数百微升到数十毫升。小型离心机多用于小量快速的离心。为适应目前分子生物学研究的需要，有的厂商又推出了带有制冷装置的小型离心机。

(2) 制备型大容量低速离心机：制备型离心机一般是离心物质的体积较大、机型体积较大的落地式离心机。最大转速为 6 000 r/min 左右，最大离心力在 6 000×g 左右，最大容量可达 500 mL×6。大多数离心机均设有制冷系统。

(3) 高速冷冻离心机：高速冷冻离心机与大容量低速离心机相近，两者之间的主要差异在于前者的离心速度比后者高，并设有制冷系统。高速冷冻离心机的最大速度在 10 000～30 000 r/min，最大离心力在 90 000×g，最大离心物的容量可达 3 L。分离形式也是固液沉降分离。转头配有各种角式转头、荡平式转头、区带转头、垂直转头和大容量连续流动式转头。一般都有制冷系统，以消除高速旋转时转头与空气之间摩擦而产生的热量，离心室的温度可以调节和维持在 0～40℃。通常用于微生物菌体、细胞碎片、大细胞器、硫酸铵沉淀物和免疫沉淀物等的分离与纯化工作。

(4) 超速离心机：超速离心机具有很大的离心力，最大速度可达 100 000 r/min，最大离心力可达 800 000×g，超速离心机可以进行小量制备，最大容量可达 500 mL，离心速度在 10 000 r/min 左右。适用于蛋白质、核酸和多糖等生物大分子的制备。

(5) 分析型离心机：分析型离心机主要用于对生物大分子进行定性、定量分析的超速离心机。最大转速在 80 000 r/min，最大离心力可达 800 000×g 以上。

(6) 连续流离心机：连续流离心机主要用于处理类似于发酵液等特大体积、浓度较稀的样液。最大离心速度与高速冷冻离心机相近，在后面将做进一步介绍。

3. 按离心机的驱动系统分类

① 空气驱动离心机；② 油涡轮驱动离心机；③ 电刷电机驱动离心机；④ 变频电机驱动离心机。

二、基本结构

离心机的结构主要包括转头、驱动和速度控制系统、温控系统、真空系统四个部分。

制备型离心机广泛用于各种细胞器、病毒以及生物大分子的分离、纯化，是实验室不可缺少的离心设备。制备型超速离心机具有超过 500 000×g 的离心力，是制备型离心机发展的最高形式。现以这种离心机为例介绍离心机的结构。

1. 转头

在制备型超速离心机中所采用的转头种类繁多，一般可分为五类：角式转头、水平式转头、垂直式转头、区带转头、连续转头。角式转头和水平式转头是常见的两种。

角式转头：其名称来源是因为离心管放到转头中和旋转轴始终保持着一定的角度。这类转头的优点是具有较大的容量，速度可升得较高。

水平式转头：由一个转头悬吊着 3～6 个自由活动的吊桶（离心管套）构成。当转头静止时，这些吊桶垂直悬挂，随着转头升速，吊桶外甩到水平位置。这类转头主要用于密度梯度离心，其主要优点是梯度物质放在垂直的离心管中，而离心时管子保持水平状态，不同组分物质沉降到离心管不同区域，呈现出横过离心管的带状，而不像角式转头中那样成角度。其缺点是形成区带所需的时间较长。

2. 驱动和速度控制系统

大多数超速离心机的驱动装置是由水冷或风冷电动机通过精密齿轮变速，或直接用变频马达连接到转头轴构成。由于驱动轴的直径仅仅为 0.48 cm，因此在旋转中细轴可有一事实上的弹性弯曲，以便适应转头不平衡，而不至于引起振动或转轴损伤。但是，离心管及其内含物必须精密地被平衡到相互之差不超过 0.1 g。除速度控制系统以外，还有一个过速保护系统，以防止转速超过转头最大规定转速。如果出现转速超过转头最大规定转速的情况，会引起转头的撕裂或爆炸。因此离心腔总是用能承受此种爆炸的装甲钢板密闭。

3. 温度控制系统

超速离心机的温度控制是由安置在转头下面的红外光射量感受器直接并连续监测转头的温度，以保证更准确更灵敏的温度调控。

4. 真空系统

当转速超过 40 000 r/min 时，空气与旋转的转轴以及转头之间的摩擦生热成为严重的问题，因此，超速离心机增添了真空系统。

普通制备离心机和高速制备离心机的结构较简单，其转子多是角式和水平式转子两种，没有真空系统。普通制备离心机多数在室温下操作，速度不能得到严格控制。高速制备型离心机有消除空气和转子间摩擦热的制冷装置，速度和温度控制较严格。

分析型超速离心机主要是为了研究生物大分子物质的沉降特征和结构。因此，它使用了特殊设计的转头和检测系统，以便连续地监测物质在离心场中的沉降过程。其转头是椭圆形的，此转头通过一个有柔性的轴连接到一个超速的驱动装置上，转头在一个冷冻的、真空的腔中旋转。转头上有 2～6 个离心杯小室，离心杯是扇形的，可以上下透光。离心机中装有光学系统，在整个离心期间都能通过紫外吸收或折射率的变化监测离心杯中沉降着的物质，在预定的时间可以拍摄沉降物质的照片。物质沉降时，在重颗粒和轻颗粒之间形成的界面就像一个折射的透镜，结果在检测系统的照相底板上产生一个“峰”，由于沉降不断进行，界面向前推进，因此峰也移动。从峰移动的速度可以得到有关物质沉降速度的指标。

第三节　离 心 技 术

离心分离是制备生物样品广泛应用的重要手段，如分离活体生物（细胞、微生物、病毒）、细胞器（细胞核、细胞膜、线粒体）、生物大分子（核酸、蛋白质、酶、多聚物）、小分子聚合物等。对于生物样品的离心分离方法，主要根据样品的不同来源和不同的性质采取不同的离心方法。可以将来源于培养液的细胞和细胞培养液分离或组织提取液中的细胞和提取组分分离，也可以将 DNA、RNA、蛋白质、多糖等生物大分子进行分离。因此，应根据离心目的的不同，选用不同的离心方法。

一、差速离心法

差速离心（differentirlle centrifugation）是指逐渐增加离心速度或低速离心与高速离心交替进行，用大小不同的离心力使具有不同沉降系数的分子分批分离的方法。它适用于沉降系数差别较大（一般在一个到几个数量级）的混合样品的分离。沉降系数差别越大，分离效果越好。

进行差速离心时，首先要选择颗粒沉降所需的离心力和离心时间。离心力过大或离心时间过长，容易导致大部分或全部颗粒沉降及颗粒被挤压损伤。当以一定离心力在一定的离心时间内进行离心时，在离心管底部就会得到最大和最重颗粒的“沉淀”，分出的“上清液”在加大转速时再进行离心，又得到第二部分较大、较重颗粒的“沉淀”及含小和轻颗粒的“上清液”。如此多次离心处理，即能把液体中的不同颗粒较好地分离开。此法所得沉淀是不均一的，仍混杂其他成分，需经再悬浮和再离心 2 或 3 次，才能得到较纯颗粒。

差速离心法主要用于分离细胞器和病毒。一般过程如图 3－3 所示。其优点是操作简单，缺点是：① 分离效果差，不能一次得到纯颗粒。② 壁效应严重。特别当颗粒很大或浓度很高时，在离心管壁一侧会出现沉淀。③ 颗粒被挤压。离心力过大、离心时间过长会使颗粒变形、聚集而失活。

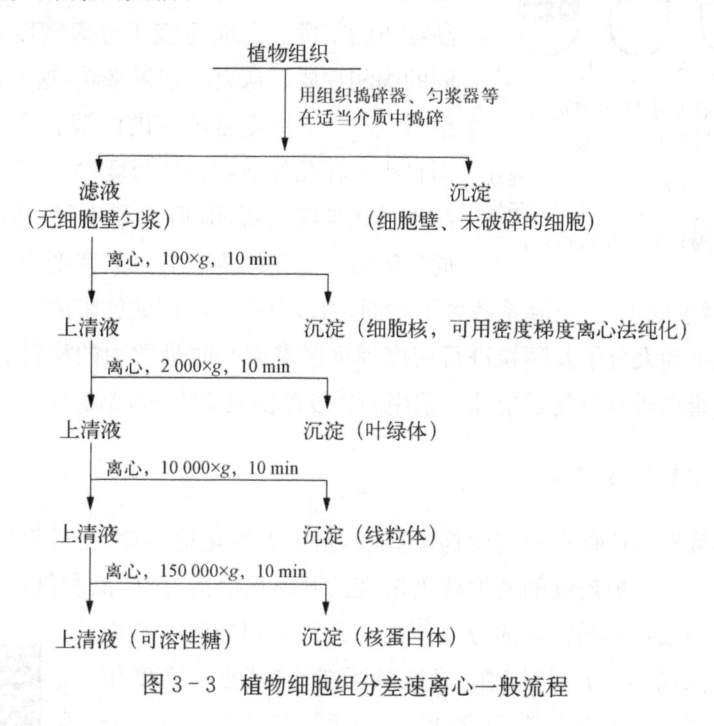

图 3－3 植物细胞组分差速离心一般流程

二、密度梯度离心法

密度梯度离心（dichtegadienten centrifugation）是一种带状分离法，其特点是离心管中液相介质密度是不均一的，自上而下，密度逐渐增大，形成一定的梯度。经常使用的液相介质成分为甘油、蔗糖及某些盐类，如氯化钠、氯化铯溶液等。这些液相介质成分不能与样品发生化学反应，不至于影响生物样品的天然结构和生物学活性，在介质溶剂中有较大的溶解度。密度梯度离心技术有两种方法，一种是速率区带离心，另一种为等密度梯度离心。

1. 速率区带离心

在离心管或样品池内预先注入一定密度梯度的液相介质，介质密度自上而下逐渐增大，样品物质轻轻铺在密度梯度介质的液面上，如图 3－4 所示。启动离心机，在离心力的作用下，一定时间后，粒子在梯度介质中呈分离的区带状沉降，每一条区带内的粒子具有

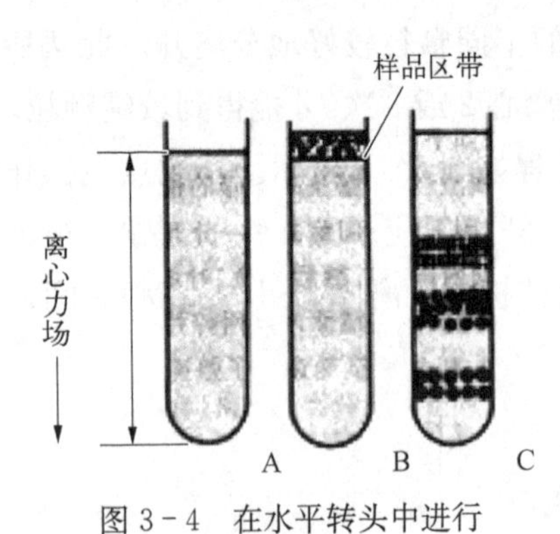

图 3-4 在水平转头中进行速率区带离心

A. 充满密度梯度溶液的离心管；B. 样品加于梯度顶部；C. 离心力作用下粒子按照它们的质量以不同的速度移动

相同的沉降速度。根据不同的实验目的可以设计不同的连续或不连续梯度。如进行亚细胞组分分离实验时，常采用不连续蔗糖密度梯度法。一般配制的蔗糖质量分数梯度是25%、35%、45%、55%。这种离心的特点是物质的分离取决于样品物质颗粒的质量，也就是取决于样品物质的沉降系数，而不是取决于样品物质的密度。因而适宜于分离密度相近而大小不同的固相物质。从离心结果来看，这一离心技术有两个特点：一个特点是区带内的液相介质密度不等于而且小于样品物质颗粒的密度；另一个特点是即使样品物质颗粒密度相同，但大小不同，离心后也位于不同的区带。这是因为它们虽然密度相近甚至相同，但大小不同，质量也就不同，沉降系数各不相同，所以分布在不同的区带内。

蔗糖是对生物大分子及颗粒进行密度梯度区带离心时最常用的材料。它易溶于水，而且对核酸及蛋白质具有化学惰性。常用的梯度范围是5%～60%。

2. 等密度梯度离心法

等密度梯度离心或称平衡密度梯度离心，是依据氯化铯、硫酸铯等物质密度较大，能在强离心场内自行形成连续的密度梯度溶液。开始离心前，把样品和氯化铯溶液混合在一起，经一定离心后，不同密度的分子便向与其密度相当的区带集中，从而达到分离的目的。沉降在(或是悬浮在)与其自身密度相等的液相介质区域内形成区带，如图3-5所示。其特点是沉降分离与样品物质的大小和形状无关，而取决于样品物质的浮力密度。为此要选择介质的密度梯度范围，包括所有待分离物质的密度。不同大小但同一密度的样品物质分布在同一区带；同一区带内的样品物质密度和介质密度相等。

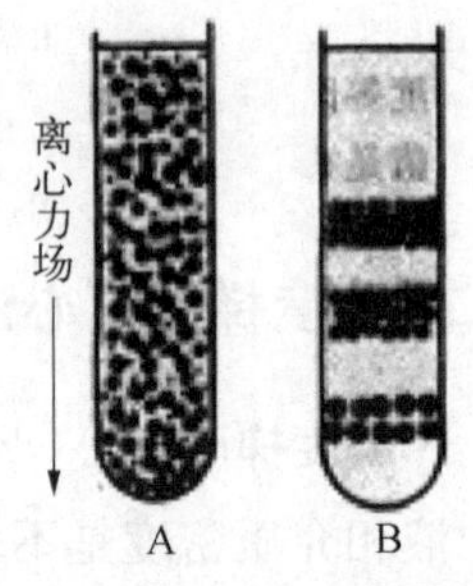

图 3-5 “自生”梯度等密度离心

A. 样品与梯度物质混合的均匀溶液；B. 离心力作用下，梯度物质重新分布，样品区带保留在等密度处

梯度溶液可通过机械和手工操作两种方法制备成连续的密度梯度和不连续的密度梯度。密度梯度形成仪可形成连续的密度梯度。当实验室不具备制作连续性密度梯度离心的时候，也可制作不连续性密度梯度溶液进行分离。其方法是：首先在密度梯度范围内，配制几个不同密度的溶液。用移液管小心地将密度逐渐降低的溶液一层覆盖着一层铺到离心管中。要分离的样品就可以以一个很窄的带直接铺到这个不连续的梯度系列的顶层(即密度最低一层)。然后，在适当的实验条件下离心，通过离心场的作用，不连续的密度梯度即可形成连续密度梯度，但离心的时间要相对延长。

离心后离心管中各分离物质一般用三种方法进行分部收集，即虹吸法、取代法及底部穿刺法。

虹吸法不需损伤离心管，尤其适用于不锈钢离心管中物质的分部收集，因为虹吸时要严防已分离物被扰动，需要专用的虹吸装置。

取代法是在离心管的底部穿刺，把一种很稠密的介质（如 60%～70%蔗糖溶液）慢慢地注入离心管底部，以使梯度溶液从上面被顶出来，然后用注射器或移液管逐一移出各部分，或在离心管颈部加一个塞子，塞子经一根导管通向分部收集器来进行分部收集。

穿刺法是从离心管底部穿刺，使梯度自由流出。为此可制作一种简单的固定器，其底部装一个垂直向上的针头（22 号注射器针头），这样，当装入离心管时，其底部正好被刺穿。1～2 s 后，开始缓慢地流出第一滴，从而可以从容地进行分部收集。

综上所述，差速离心是一种动力学的方法，关键在于选择适合于各分离物的离心力。等密度梯度离心是一种测定颗粒浮力密度的静力学方法，关键在于选择氯化铯浓度，使之处于待分离物的密度范围内。速率区带离心兼有以上两种方法的特点，关键在于制备优质的密度梯度溶液。

三、离心机的安全操作与保养

1. 安全操作

1）不过速运转：每一种转头设计了所能承受最大的离心力或最大允许速度，如果超过了其设计的最大速度的离心力，将会容易引起转头炸裂，带来安全隐患。

2）平衡运转：转头在出厂时都经过精密的测量，空转头在离心机上是非常对称的。在与离心轴相连的一对对称离心管平衡的情况下离心，离心机是非常平稳的。若在非对称的情况下负载运行，就会使轴承产生离心偏差，引起离心力剧烈振动，严重时会使轴承断裂。离心机开动后，若有异常情况必须停机检查。

离心过程中不得开启离心室盖，不得用手或异物碰撞正在旋转中的转子及离心管。

3）准确组装转头：离心管平衡，对称放入转头内，转头与轴承固定于一体。防止转头在高速运转时与轴承发生松动，导致转头飞溅出来。

4）转头需加盖盖紧：由于疏忽大意，未使转头盖盖紧，或忘记加盖，当转头运转时，离心腔内会产生空气旋涡使转头浮起，转头离开转轴而发生意外。因此，仪器启动前，应再次检查转头盖是否已盖紧。

5）清洁转头和离心机腔：离心机使用完毕，应清洁转头和离心机腔，待离心机腔内温度与室温平衡后，方可盖上机盖。

2. 离心机事故原因

1）离心管平衡时，对称放置的离心管不平衡，超过了 0.1～1 g。

2）有帽离心管在装样时，因样品液未装满或离心管帽没有拧紧密封，在离心过程中离心腔内的高真空状态造成离心管抽扁、破裂和样品液外溢，造成转子不平衡而发生轴弯曲或断轴事故。

3）由于原样品的比例不等于配平液的比例，转子动平衡失调而发生事故。

4）使用水平转子时，粗心大意将吊桶的序号与水平转子主体的序号装错，影响转子的动平衡。

5）铝合金离心管帽与不锈钢离心管帽混用（两者比例不同）而发生事故。

6）离心管帽内橡胶密封环和转子盖橡胶密封环使用不当与消毒不当，如长期使用，内部断裂和因高温消毒时使用干燥箱烘烤等处理而老化龟裂、失去密封作用等，使样品在高速运转时外溢，从而使转子在不平衡状态下运行。

7）对于各种材料的离心管，使用前没能很好地了解厂家要求的离心管使用范围和消毒方法，采用化学溶剂和不适当的消毒液处理，造成离心管在运行中溶胀、破裂而发生事故。

8）由于工作中粗心大意，转子盖没有拧紧或是将转子盖和转子柄互换，造成螺扣不吻合，当开机运行时，转子盖抛出而发生严重的断轴事故。

3. 离心机的维护

1）定期对离心机的螺栓等连接件进行检查。

2）定期按要求对离心机的主轴承和螺旋轴承加油，对齿轮箱的情况进行检查（包括它里面油的情况），检查清理离心机的出渣口和出水口等处。

4. 转头的保养

1）转头要轻取轻放，防止剧烈撞击。

2）每次用后洗净，防止酸碱腐蚀和氧化物氧化。

3）防止机械疲劳，转头在离心时，随着离心速度的增加，转头的金属随之拉长变形，在停止离心后又恢复到原状态。若长期使用转头最大允许速度离心，就会造成机械疲劳。

第四节　离心技术在生物学研究中的应用

制备性离心和分析性离心是依据不同的目的来划分的，制备性离心的最终目的是对生物来源的样品物质进行分离纯化和制备。分析性离心的最终目的是利用已分离纯化了的单一物质组分做各方面性质的分析研究。随着生物化学、分子生物学的不断发展，超速离心技术已成为分离、提纯、鉴别生物大分子物质的重要研究手段。它广泛应用于细胞器、病毒、核酸、蛋白质等生物样品的分离提纯，并且能对其某些物理常量如沉降系数、浮力密度等进行测定。最常用的分析研究是测量物质的相对分子质量、沉降系数、密度和纯度等。分析性离心，一般用超速冷冻离心机，使用的离心技术主要是差速离心或密度梯度离心。其主要应用如下。

1. 分子质量的测定

由沉降系数根据 Svedberg 公式可以计算出物质的相对分子质量。

2. DNA 样品密度的测定

借助于已知密度的 DNA 样品，通过作图的方法，可以求出未知 DNA 样品的密度。

3. 从密度推算 DNA 的 G—C 碱基含量

DNA 的 G—C 含量就是双链 DNA 的碱基商，DNA 的 G—C 含量与其浮力密度呈直线相关，即 G—C 含量越高，浮力密度越大，所以用测得的浮力密度计算其 G—C 含量。

4. 检测生物大分子中构象的变化

分析性超速离心已成功地用于检测大分子构象的变化。在某些因素影响下，DNA 分子可能发生一些构象的变化。构象上的变化可通过检查样品在沉降速度中的差异来证实。分子越是紧密，那么它在溶剂中的摩擦阻力越小；分子越是不规则，摩擦阻力就越大，沉降就越慢。因此，通过样品处理前后沉降速度的差异就可以检测它在构象上的变化。

思 考 题

1. 名词解释：沉降系数、密度梯度离心法、速率区带离心法、R_{CF}。
2. 试比较速率区带离心和密度梯度离心的主要特点。
3. 假设颗粒距离离心机轴的半径是 6 cm，转速是 6 000 r/min，求颗粒的 R_{CF} 是多少？
4. 简述离心机的安全操作及注意事项。

第四章　光学分析法导论

根据物质发射的电磁辐射或物质与电磁辐射的相互作用建立起来的一类仪器分析方法统称为光学分析法。光学分析法是现代仪器分析中应用最为广泛的一类分析方法，在组分的定量或定性分析中，已成为常规的分析方法。

第一节　基本理论

一、光的波动性和粒子性

光是一种电磁波（又称电磁辐射），是振动的电场和磁场强度在空间的传播，可以用电场矢量和磁场矢量来描述，有波长和频率。光具有波动性和粒子性。

1．光的波动性

按照经典电磁理论，光是电磁波，电磁波的波动情况是由同相振荡且互相垂直的电场与磁场在空间中以波的形式移动，其传播方向垂直于电场与磁场构成的平面，其波形属于横波（图 4－1）。因此光具有波的一切特性，如干涉和衍射。

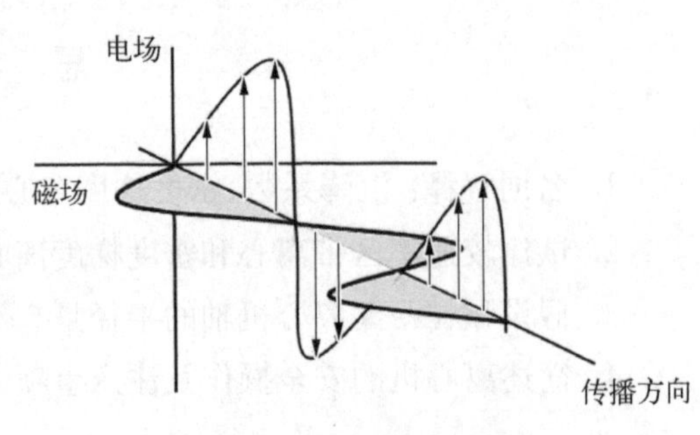

图 4－1　光的波动性

2．光的粒子性

当物质发生电磁辐射或电磁辐射被物质吸收时，就会产生能量跃迁，这时光不仅具有波动性，还具有粒子性。照射到金属表面的光，能使金属中的电子从表面逸出。这个现象称为光电效应，这种电子称为光电子。光电效应证实了光的粒子性。光子像其他粒子一样具有能量。

$$\text{光子的能量}\quad E=h\nu \qquad \text{式(4-1)}$$

$$\text{光子的动量}\quad E_p=h\nu=\frac{hc}{\lambda} \qquad \text{式(4-2)}$$

式中，h 为普朗克常量，等于 6.626×10^{-34} J·s；c 为光速。式（4－2）表明，光子能量与它的频率成正比，或与波长成反比，而与光的强度无关。

根据量子理论，物质粒子总是处于特定的不连续的能量状态（能级），即能量是量子化的，处于不同能量状态粒子之间发生能量跃迁时的能量差 $\Delta E = E_p$。

3. 光谱

光谱：复色光经过色散系统（如棱镜、光栅）分光后，被色散开的单色光按波长（或频率）大小而依次排列的图案，称为光学频谱，如图 4-2 所示。电磁波从低频率到高频率，依次为无线电波、微波、红外光、可见光、紫外光、X 射线和 γ 射线等。人眼可接收到的电磁辐射，波长在 380～780 nm，称为可见光。

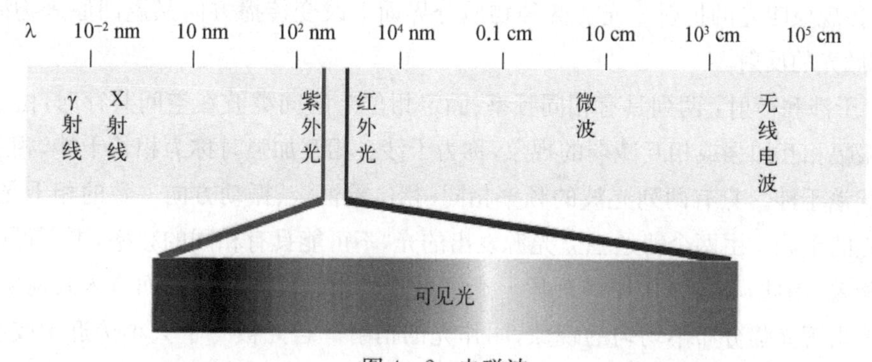

图 4-2　电磁波

在仪器分析中通常把光谱分成以下三类：

(1) 线状光谱(line spectra)：由狭窄谱线组成的光谱。单原子气体或金属蒸气所发的光波均有线状光谱，故线状光谱又称原子光谱。当原子能量从较高能级向较低能级跃迁时，就辐射出波长单一的光波。

由处于气相的单个原子发生电子能级跃迁所产生的锐线，线宽大约为 10^{-5} nm。

(2) 带状光谱(band spectra)：由气态自由基或小分子振动-转动能级跃迁所产生的光谱，是由各能级间的能量差较小而产生的；谱线不易分辨开而形成所谓的带状光谱，其带宽达几个至几十个纳米。

(3) 连续光谱(continue spectra)：固体被加热到炽热状态时，无数原子和分子的运动或振动所产生的热辐射称为连续光谱，也称黑体辐射。通常产生背景干扰。温度越高，辐射越强，而且短波长的辐射强度增加得最快，线状光谱和带状光谱都叠加在连续光谱上。

二、光与物质的作用

(1) 吸收：当原子、分子或离子吸收光子的能量与它们的基态能量和激发态能量之差满足 $\Delta E = h\nu$ 时，将从基态跃迁至激发态，这个过程称为吸收。若将测得的吸收强度对入射光的波长或波数作图，得到该物质的吸收光谱。对吸收光谱的研究可以确定试样的组成、含量以及结构。

(2) 发射：当原子、分子或离子吸收能量后从基态跃迁至激发态，激发态是不稳定的，大约经 10^{-8} s 后，将从激发态跃迁回至基态，此时若以光的形式释放出的能量，该过程称为发射。试样的激发有通过电子碰撞引起的电激发、电弧或火焰的热激发以及适当波长的光激发。

(3) 散射：指光通过不均匀介质时一部分光偏离原方向传播的现象。偏离原方向的光称为散射光。当介质粒子的大小与光的波长差不多时，散射光的强度增强，用肉眼也能看到，这就是 Tyndall 效应。散射光的强度与入射光波长的平方成反比，可用于高聚物分子和胶体粒子的大小及形态结构的研究。

(4) 折射和反射：光从一种透明介质斜射入另一种透明介质时，传播方向一般会发生变化，这种现象叫光的折射。光在两种物质分界面上改变传播方向又返回原来物质中的现象，叫做光的反射。

(5) 干涉和衍射：两列具有相同频率、固定相位差的同类波在空间共存时，由于叠加会形成振幅相互加强或相互减弱的现象，称为干涉。相互加强时称为相长干涉，相互减弱时称为相消干涉。只有两列光波的频率相同、相位差恒定、振动方向一致的相干光源，才能产生光的干涉。由两个普通独立光源发出的光，不可能具有相同的频率，更不可能存在固定的相差，因此，不能产生干涉现象。光绕过障碍物偏离直线传播而进入几何阴影，并在屏幕上出现光强分布不均匀的现象，叫作光的衍射。若光被一个大小接近于或小于波长的物体阻挡，就绕过这个物体，继续进行。若通过一个大小近于或小于波长的孔，则以孔为中心，形成环形波向前传播。

第二节　光学分析法的分类

光学分析法是根据物质发射的电磁辐射或电磁辐射与物质相互作用而建立起来的一类分析化学方法。这些电磁辐射包括从射线到无线电波的所有电磁波谱范围。电磁辐射与物质相互作用的方式有发射、吸收、反射、折射、散射、干涉、衍射、偏振等。光学分析法可分为光谱法和非光谱法两大类。

一、光谱法

光谱法是基于物质与辐射能作用后，引起物质内能的变化，物质内部发生量子化的能级之间的跃迁而产生发射、吸收光子，对物质产生的发射、吸收或散射的光子波长和强度进行分析，从而对物质进行定性、定量分析的方法。

1. 按照电磁辐射的传递方式分类

光谱法按照电磁辐射的传递方式可分为发射光谱法、吸收光谱法和 Raman 散射光谱法三种基本类型。

(1) 发射光谱法：物质通过电致激发、热致激发或光致激发等激发过程获得能量，变为激发态原子或分子 M^*，当从激发态过渡到低能级或基态时产生发射光谱。

$$M^* \longrightarrow M + h\nu$$

通过测量物质的发射光谱的波长和强度进行定性与定量分析的方法叫作发射光谱分析法。

(2) 吸收光谱法：当物质吸收的电磁辐射能与物质的原子核、原子或分子的两个能级间跃迁所需的能量满足 $\Delta E = h\nu$ 的关系时，将产生吸收光谱。

$$M + h\nu \longrightarrow M^*$$

(3) Raman 散射光谱法：频率为 ν_0 的单色光照射透明物质，物质分子会发生散射现象。如果这种散射是由光子与物质分子发生能量交换引起的，即不仅光子的运动方向发生变化，它的能量也发生变化，这种散射则称为 Raman 散射。这种散射光的频率与入射光的频率不同，称为 Raman 位移。Raman 位移的大小与照射物质分子的振动和转动的能级有关，利用 Raman 位移研究物质结构的方法称为 Raman 光谱法。

2. 按照被作用物分类

光谱法按照被作用物是分子还是原子，可分为原子光谱法和分子光谱法。

(1) 原子光谱法：原子光谱法是由原子外层或内层电子能级的变化产生的，它的表现形式为线状光谱。属于这类分析方法的有原子发射光谱法(AES)、原子吸收光谱法(AAS)、原子荧光光谱法(AFS)、X 线荧光光谱法(XFS)等。

(2) 分子光谱法：分子光谱法是由分子中电子能级、振动和转动能级的变化产生的，表现形式为带状光谱。属于这类分析方法的有紫外-可见分光光度法(UV - Vis)、红外光谱法(IR)、分子荧光光谱法(MFS)和分子磷光光谱法(MPS)等。

二、非光谱法

非光谱法是辐射能与物质相互作用后，导致辐射方向和物理性质的改变，测量辐射光的某些性质，如折射、偏振、旋光等变化，从而对物质进行定性、定量分析的方法。非光谱法不涉及光谱的测定，即不涉及能级的跃迁，而主要利用电磁辐射与物质的相互作用，这个相互作用会引起电磁辐射在方向上的改变或物理性质的变化。

第三节　光谱分析仪器的基本构造

凡是用于研究光的吸收、发射和散射的强度和波长关系的仪器，均称为光谱仪或分光光度计。这些仪器的基本构造大同小异，都是由光源、单色器、样品室、检测器(光电转换器、电子读出、数据处理及记录)基本单元组成。各部分之间的关系如下所示：

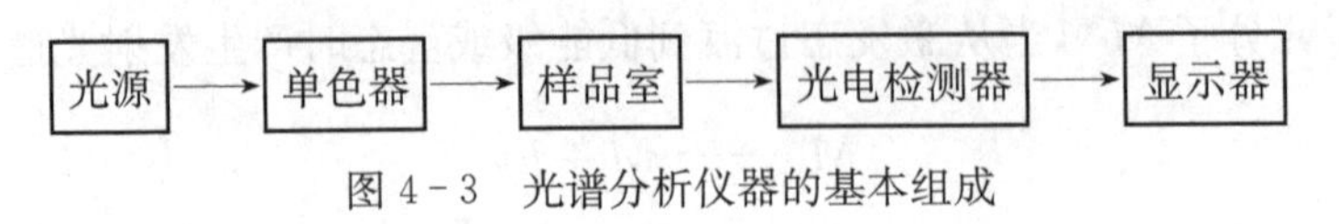

图 4-3　光谱分析仪器的基本组成

一、光源

光谱仪器所用的光源，必须有足够的输出功率和良好的稳定性。由于光源输出辐射功率的波动与电源的功率变化呈指数关系，所以外接的或内置式的稳压电源必须保证稳定。虽然在测定时可以用参比光束来减少由光源输出的波动所产生的影响，但是对于单光束的仪器仍然有影响。光源有连续光源和线光源等，一般连续光源主要用于分子吸收光谱的测定，线光源主要用于分子发射光谱、原子吸收光谱和拉曼散射光谱的分析。

1. 连续光源

连续光源在很大的波长范围内发射辐射能的强度变化很小，而且发射的光谱是连续的。不同仪器使用不同的检测波长，要求的连续光源也不同。常用的连续光源主要有 3 类，即紫外光源、可见光源、红外光源。

2. 线光源

线光源是指可以产生线状光谱的光源。例如，金属蒸气灯，在透明的石英玻璃或光学玻璃管里充有低压气体元素；含有汞蒸气的汞灯，含有钠蒸气的钠灯，它们都可以产生线状光谱。汞灯产生线状光谱的波长在 254～734 nm，钠灯产生线状光谱的波长在 589.0～589.6 nm 处有一对谱线。原子吸收光谱中常用的空心阴极灯，能提供多种元素的线状光谱，如锌灯、锰灯。

二、分光系统

能够将连续复合光源分解成单一波长的单色光或者具有一定宽度谱带的分光器，称为单色器。单色器由入射狭缝、准直镜、色散元件、物镜和出射狭缝构成。其中色散元件是关键部件，作用是将复合光分解成单色光。入射狭缝用于限制杂散光进入单色器，准直镜将入射光束变为平行光束后进入色散元件。物镜将出自色散元件的平行光聚焦于出口狭缝。出射狭缝用于限制通带宽度。

单色器的工作过程：光源发出的光经入射狭缝后变成一束近似平行光，进入单色器，经准直镜后成为平行光照射到色散元件上，色散元件将其色散后再由聚光镜将不同波长的光分别聚焦在出射狭缝平面的不同位置，转动色散元件及聚光镜可使不同波长的光聚焦在出射狭缝口，使某一波长的光射出单色器，而其他波长的光被出射狭缝挡掉，达到制造单色光的目的，如图 4-4 所示。色散元件主要有棱镜或光栅。

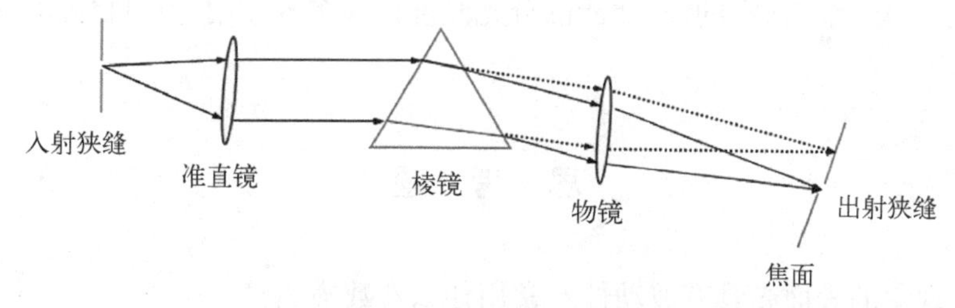

图 4-4　单色器的工作过程

三、吸收池

除发射光谱外，其他所有光谱分析都需要吸收池。盛放试样的吸收池是由透明的材料制成的，主要有硅酸盐玻璃、有机玻璃、石英玻璃、蓝宝石或其他晶体材料等。不同的检测波长可选用由不同材料制成的比色杯。例如，在紫外光波区检测可选用石英玻璃、蓝宝石比色杯；在可见光波区或近红外光波区可选用普通光学玻璃、有机玻璃、石英玻璃比色杯；在中红外光波区和远红外光波区还可以选用无机盐类晶体（NaCl、NaBr 晶体）材料制成的比色杯。比色杯光程一般设定为 1 cm，容积为 1 cm×1 cm×3 cm。此外还有微量的比色杯，容积有 1 cm×0.5 cm×3 cm、1 cm×0.2 cm×3 cm、1 cm×0.1 cm×3 cm 和 U 形毛细管。

四、检测器

检测器，也称为光电转换器，是将光辐射转化为可以测量的电信号的器件。主要功能是将光信号转变成电信号，再通过放大器把信号输送给显示器。在现代光学分析仪器中，作为检测器必须在一个较宽的波长范围内对辐射信号都有响应，尤其在低功率辐射时对辐射能的吸收要比较敏感，对辐射的响应要快，转换的电信号容易放大，产生的噪声要小，生成的信号与入射光的强度成正比。

光学仪器上常用的检测器分两大类，即一类是对光子有响应的检测器，另一类是对辐射热有响应的检测器。

将光信号转变成电信号，然后再由电子线路进行放大，最后再还原成原来的信号。这一接收转换元件称作光电检测器，又叫光电检波器或者光电二极管。光子响应检测器又分为光电管检测器、光电倍增管检测器、二极管列阵检测器。

热辐射响应检测器是依赖某种温度敏感特性把辐射引起的温度变化转化为相应的电信号，而达到光辐射探测目的，分为真空热电偶检测器和热释电检测器。

五、显示器

显示器是将从光电检测器中获得的电信号，通过放大器形成图形或数字，以一定的方式显示出来。常用的显示器有 4 种类型，即指针式显示、LD 数字显示、VGA 屏幕显示和计算机显示。一般比较精密的、多功能的分光光度计大多数采用计算机显示，并配有相应的软件。

思 考 题

1. 哪些现象的表面光具有波动性？常用什么参数描述？
2. 常见的光学分析法有哪些？
3. 光学分析仪器有哪些基本组成？各自的作用是什么？

第五章　紫外-可见吸收光谱分析

紫外-可见吸收光谱分析是研究物质在紫外-可见光波区(200～780 nm)的分子吸收光谱的分析方法。利用吸收光谱这一特性可以对无机化合物、有机化合物及生物大分子进行定性和定量分析。

紫外-可见分光光度计(ultraviolet and visible spectrophotometry, UV - Vis)是最早出现的光谱分析仪器。现已成为生物化学和分子生物学分析研究不可缺少的分析手段。尽管在光谱仪器的发展过程中衍生出许多专门化的光谱仪器,如红外分光光度计、荧光分光光度计、原子吸收分光光度计等。但是,紫外-可见分光光度计仍然是最重要的、使用最广泛的光谱仪器。

近年来,一些新材料、新工艺和高新技术的应用,使得紫外-可见吸收光谱分析有了很大的发展,如新的光源、分光器、光敏元件及计算机等,使紫外-可见分光光度计发生了很大的变化。新型的紫外-可见分光光度计具有稳定性好、灵敏度高、分辨率高、应用广泛的特点。

第一节　基 本 原 理

紫外和可见吸收光谱属于分子光谱,它们都是由价电子的跃迁而产生的。利用物质分子对紫外和可见光的吸收所产生的紫外可见光谱及吸收程度,可以对物质的组成、含量和结构进行分析、测定、推断。

一、分子吸收光谱产生的机理

1. 分子内部的运动及分子能级

分子是由原子组成的,原子中的电子总是围绕着原子核不停地运动。因此一个化合物分子的电子总是处在某一种运动状态,每一种状态都具有一定的运动能量,相对应于一定的能级。当分子中的电子受到光、热、电等刺激时,分子中的总动能就会发生变化,电子从一个能级跃迁到另一个能级,从低能级跃迁到高能级,这种现象称为电子跃迁。当电子吸收了外来的辐射能以后,低能级的电子就会跃迁到较高能级上,分子能级的状态由基态转变成激发态。

在分子内部的运动如电子相对于核的运动,相对应于电子能级;原子核在其平衡位置附近的振动,相对应于振动能级;分子本身绕其重心的转动,相对应于转动能级。这三种运动都是量子化的，并都相对应于一定的能级，即电子运动能级、振动能级和转动能级。所以，分子的总能量可以认为是这三种能量的总和。

$$E_{分子} = E_{电子} + E_{振动} + E_{转动}$$

2. 能级跃迁

由于电子能级跃迁往往要引起分子中核的运动状态的变化，因此在电子跃迁的同时，总是伴随着分子的振动能级和转动能级的跃迁，即电子光谱中总包含着振动能级和转动能级的跃迁，如图 5-1 所示。

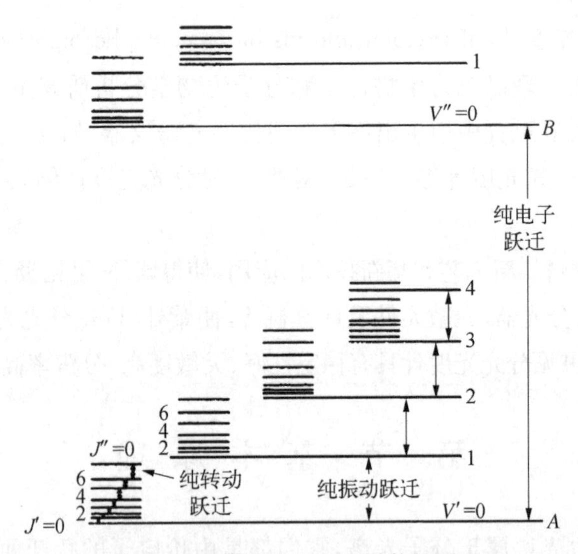

图 5-1　双原子分子的三种能级跃迁

由于引起分子中的电子运动能级跃迁时，同时会引起振动能级和转动能级之间的跃迁，因此所得到的分子光谱的谱线能级差很小，谱线彼此之间的波长间隔只有 0.25 nm，几乎连在一起，谱线形状呈现宽带，所以分子光谱是带状光谱。

3. 紫外-可见吸收光谱的产生

有机化合物紫外-可见吸收光谱是由分子价电子能级跃迁产生的，按照分子轨道理论，在有机化合物分子中主要有以下几种不同性质的价电子。

(1) σ 键电子：形成单键的价电子。

(2) π 键电子：形成双键的价电子。

(3) n 电子：O、N、S、X 等含有未成键的孤对电子。

有机化合物分子吸收光能后，这些价电子就会跃迁到较高能级，一般可将这种跃迁分成四类：$\sigma \rightarrow \sigma^*$、$n \rightarrow \sigma^*$、$\pi \rightarrow \pi^*$、$n \rightarrow \pi^*$。这四种电子跃迁中，只有 $n \rightarrow \pi^*$ 和 $\pi \rightarrow \pi^*$ 两种跃迁需要的能量小，相应吸收波长出现在近紫外区和可见光区，并且对光的吸收比较强，是紫外-可见吸收光谱法定性研究的重点。为了方便解析谱图，常把分子中电子跃迁产生的紫外-可见吸收光谱分为 R、K、B 和 E 四个吸收谱带，分别对应于以上跃迁形式。

由于各种分子内部结构的不同，能级变化千差万别，能级之间的间隔也相对不同，因此分子是有选择性地吸收那些可引起分子价电子跃迁的光能。分子结构决定了对不同波长的光能具有不同吸收能力，这就为分子吸收光谱的定性定量分析提供了有利条件。如果用一束具有连续波长的紫外-可见光照射分子化合物，这时紫外-可见光中某些波长的光辐射就可以被该化合物的分子吸收，将不同波长的吸收光强度记录下来，以光强度为纵坐标，波长为横坐标，得到光强度随波长变化的关系图，该图就是该化合物的紫外-可见光吸收光谱。图 5-2 分别是乙酰苯和苯的紫外吸收光谱图，各吸收谱带相对的波长位置由大到小的次序为：R、B、K、E_2、E_1，但一般 K 和 E 带常合并成一个吸收谱带。

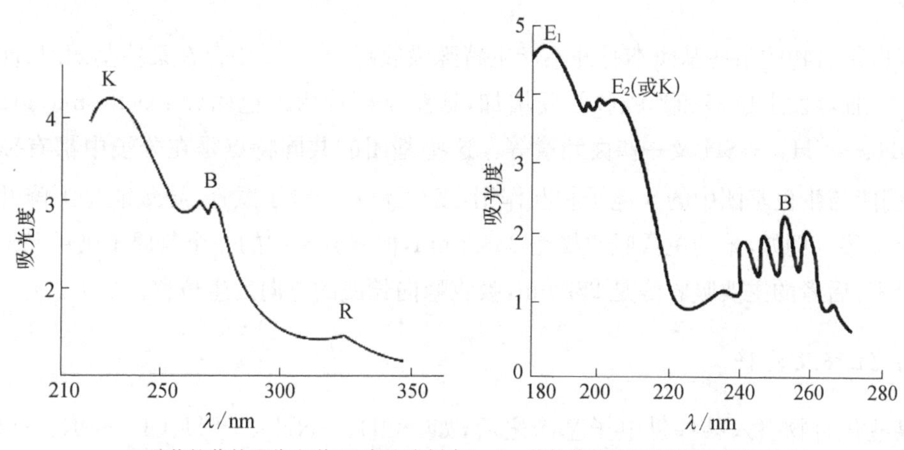

a. 乙酰苯的紫外吸收光谱(正庚烷溶剂中)　b. 苯的紫外吸收光谱(乙醇溶剂中)

图 5-2　乙酰苯和苯的紫外吸收光谱(乙醇溶剂中)

无机化合物的紫外-可见吸收光谱主要有两类：一类是电荷转移吸收光谱，波长范围在 200～450 nm；另一类是配位体场吸收光谱，波长范围在 300～500 nm。

二、影响紫外-可见吸收光谱图的因素

物质的紫外-可见吸收光谱图所显示出来的基本上是分子中发色基团和助色基团的特性，而不是它整个分子的基本特性，紫外-可见吸收光谱不能完全清楚地显示物质的结构，还要结合其他仪器才能得出可靠的结论。紫外-可见吸收光谱仪在生命科学相关领域多用于物质的定量分析。

1. 发色基团

发色基团(chromophoric group)，亦称生色基团。它是指有机化合物或生物大分子中的某些基团，在紫外-可见光波区具有特殊的吸收峰，这些基团称为发色基团。在生色基团的结构中，含有非键轨道和 π 分子轨道的电子体系，能引起 $n \to \pi^*$ 和 $\pi \to \pi^*$ 的电子跃

迁,如酮基、醛基、羧基、硝基等基团中的双键,均具有生色效应。

—N═N—　—N═O　—NO_2　—C═O　═⟨苯醌环⟩═　═C═S

如果一个化合物的分子含有多个生色基团,但它们并不发生共轭作用,则该化合物的吸收光谱将包括这些个别生色基团原有的吸收谱带,这些吸收谱带的位置及强度互相影响不大。如果两个生色基团彼此相邻形成了共轭体系,那么原来各自的生色基团的吸收谱带就消失了,而产生新的吸收谱带,并且位置与原来的吸收谱带相比,处在较长的波长处,吸收的强度也有较明显的增加。生色基团彼此相邻形成的共轭体系所产生的效应称为共轭效应。共轭双键的数目、位置、取代基的种类等均影响吸收光谱的波长和强度。

2. 助色基团

有机化合物的某些基团本身并不产生特殊吸收峰,当分子中存在某些基团时,能引起生色团吸收峰发生位移和光吸收强度增加,这些基团称为助色团(auxochromic group),如—OH、—NH_2、—SH 及一些卤元素等。这些基团的共同特点是在分子中都有孤对电子,它们能与生色基团中的 π 电子相互作用,发生 $\pi \rightarrow \pi^*$ 电子跃迁,导致能量下降并引起吸收峰位移。例如,苯的主要吸收峰是 254.3 nm,但苯分子中的一个氢原子被甲基取代后生成甲苯,后者的主要吸收峰是 262 nm,吸收峰向长波的方向发生位移。

3. 红移及蓝移

某些化合物引入某些供电子基团之后,如—OH、—NH_2、—SH、Cl、—OR、—SR 等,能使该化合物的最大吸收峰的波长 λ_{max} 向长波方向移动。这种现象称为红移。与红移效应相反,某些化合物的生色基团的碳原子一端引入了某些取代基以后,如═C ═O 基,能使该化合物的最大吸收峰的波长 λ_{max} 向短波长的方向移动。这种现象称为蓝移。

4. 溶剂的影响

溶剂的极性影响吸收峰的波长、强度和形状,溶剂从非极性改为极性时,谱图的精细结构全部消失。极性溶剂使跃迁的 K 吸收谱带向红移动(K 带红移),而使跃迁产生的 R 吸收谱带向紫移动(R 带紫移)。

三、紫外-可见吸收光谱法定量分析依据

1. 朗伯-比尔定律(Lambert - Beer)

朗伯-比尔定律(L - B 定律)是紫外-可见吸收光谱法定量分析的理论基础,是指在一定的条件下,当一束强度为 I_0 的单色光射入到厚度为 L 的比色池中,比色池中的吸光物质浓度为 c,经过比色池中透射光的强度降低为 I。吸收介质的厚度和吸光物质的浓度与

光降低的程度成正比。用公式表示：

$$T=\frac{I}{I_0}=10^{-KcL}$$

$$A=\lg\left(\frac{1}{T}\right)=\lg\left(\frac{I_0}{I}\right)=KcL$$

$$A=KcL \tag{式(5-1)}$$

式中，T——透光率；A——吸光度；K——消光系数；c——溶液浓度；L——光程。

K 与溶液性质、温度和入射波长有关。当待测液浓度 c 以物质的量浓度（单位 mol/L）表示时，称 K 为摩尔吸光系数，常以 ε 表示；当被测物质的浓度 c 以质量分数表示时，K 为百分消光系数，常以 $E_{1\,cm}^{1\%}$ 表示，其单位是 100 mL/(g・cm)。

2. 偏离 L－B 定律的因素

朗伯-比尔定律是用单色光照射理想的稀溶液条件下推导出来的，在一定的浓度范围内物质浓度和吸光度之间的关系遵从朗伯-比尔定律。当光程 L 一定时，吸光度 A 与浓度 c 并不总是成正比，即偏离 L－B 定律，如图 5－3 所示，这种偏离受样品性质、待测物高浓度、溶剂、胶体、乳状液或悬浮液对光的散射损失和仪器等因素影响。随着待测溶液浓度的增大，溶质分子间的间距缩小，溶质分子和溶剂分子间的相互作用增大，对特定辐射的吸收能力发生变化，即消光系数 K 发生变化。当待测溶液浓度过高或过低时，受仪器光源稳定性、入射光的单色性以及检测灵敏度等因素的影响，浓度和吸光度之间的关系也将偏离朗伯-比尔定律。

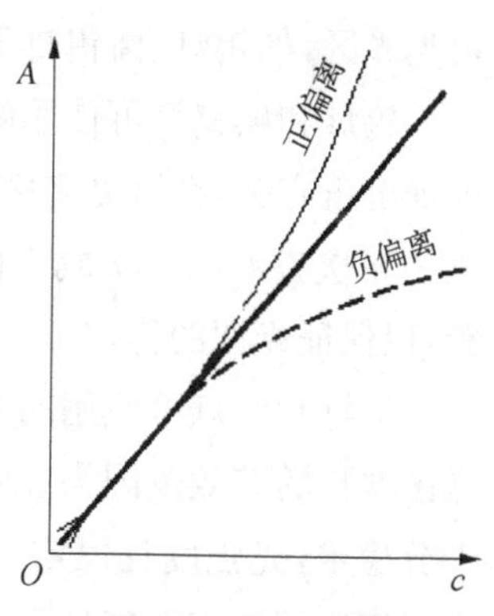

图 5－3　标准曲线和对朗伯-比尔定律的偏离

第二节　紫外-可见分光光度计

用于检测待测溶液对紫外-可见光的吸收强度或测定其紫外-可见吸收光谱，并进行定性、定量和结构分析的仪器叫做紫外-可见分光光度计。紫外-可见分光光度计一般由五个部分组成，即光源、单色器、吸收池、检测器和信号检测系统，见图 5－4。

一、紫外-可见分光光度计组成

1. 光源

光源是提供入射光的设备，在所需光谱区域内能够发射连续光谱；连续光谱应有足够

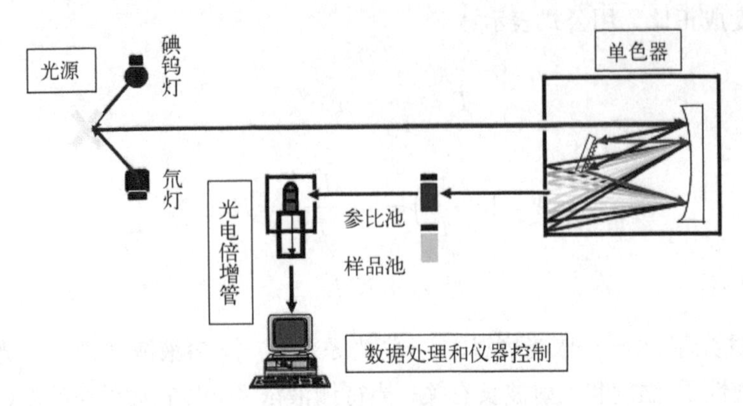

图 5-4 紫外-可见分光光度计结构示意图

的辐射强度及良好的稳定性；随着波长的变化，辐射强度基本不变；光源的使用寿命要长，且操作方便。

紫外-可见吸收光谱仪中常用的光源有热辐射光源和气体放电光源两类。前者用于可见光区，如钨灯、卤钨灯等，后者用于紫外光区，如氢灯和氘灯等。

钨灯和碘钨灯可使用的波长范围为 340～2 500 nm。这类光源的辐射能量与施加的外加电压有关，在可见光区，辐射的能量与工作电压的 4 次方成正比，光电流也与灯丝电压的 n 次方 ($n>1$) 成正比。因此，使用时必须严格控制灯丝电压，必要时需配备稳压装置，以保证光源的稳定。

氢灯和氘灯可使用的波长范围为 160～375 nm，由于受石英窗吸收的限制，通常紫外光区波长的有效范围为 200～375 nm。灯内氢气压力为 102 Pa 时，用稳压电源供电，放电十分稳定，光强度且恒定。氘灯的灯管内充有氢同位素氘，其光谱分布与氢灯的类似，但光强度比同功率的氢灯大 3～5 倍，是紫外光区应用最广泛的一种光源。

2. 单色器

单色器是能从光源的复合光中分出单色光的光学装置，其主要功能是产生光谱纯度高、色散率高和波长任意可调的紫外-可见单色光。单色器的性能直接影响入射光的单色性，从而也影响到测定的灵敏度、选择性及校准曲线的线性关系等。单色器由入射狭缝、准光器(透镜或凹面反射镜使入射光变成平行光)、色散元件、聚焦元件和出射狭缝等几个部分组成。起分光作用的色散元件是其核心部分。狭缝宽度的大小也决定着单色器性能，狭缝宽度过大时，光谱带宽度太大，入射光单色性差；过小时，又会减弱光强，减小单色器的灵敏度。能起分光作用的色散元件主要是棱镜和光栅。棱镜有玻璃和石英两种材料，是依据不同波长的光通过棱镜时有不同的折射率而将不同波长的光分开。由于玻璃会吸收紫外光，因此玻璃棱镜只适用于 350～2 500 nm 的可见光和近红外光区波长范围；石英棱镜适用的波长范围较宽，为 185～4 000 nm，即可用于紫外光、可见光、红外光三个光谱区域。光栅是利用光的衍射和干涉作用制成的，它可用于紫外-可见和近红外光谱区，虽然分出的各级光谱间的重叠会产生干扰，但是产生的匀排光谱具有检测波长范围宽、分辨率高，且光栅具有成本低、便于保存和易于制作等优点，所以是目前用得最多的色散元件。其不足之处是各级光谱间的重叠会产生干扰。

3. 吸收池

在紫外-可见吸收光谱法中，检测试样一般为置于吸收池中的液体。吸收池又叫作比色杯、皿或者样品池，是由相对两面透明材料、相对两面毛玻璃黏结制成的，用来盛放待测溶液的方形容器，其中待测溶液可以部分吸收顺利透过的入射光束。吸收池一般由玻璃和石英两种材料做成，玻璃吸收池只能用于可见光区，石英吸收池可用于紫外-可见光区。吸收池的光路径一般在 5～50 mm 范围内，最常用的是光路径为 10 mm 的吸收池。根据检测时所盛放的溶液不同又分为参比池和样品池。制备材料、光学性能等保持基本一致的参比池和样品池，在紫外-可见光区的分析测定中才能具有较高的精确度。

4. 检测器

检测器是一种光电转换元件，用来检测透过溶液后的单色光强度，并把这种光信号转变为电信号的装置。紫外-可见吸收光谱仪的检测器应满足以下条件：灵敏度高、对辐射能量的响应快速、线性关系好、线性范围宽、对不同波长的辐射响应性能相同且可靠；稳定性良好和噪声水平低等。常用的检测器有光电池、光电管、光电倍增管和光电二极管阵列检测器。常用的光电池主要是硒电池，其光区的灵敏度为 310～800 nm，其中 500～600 nm 的灵敏度最高，其特点是不必经过放大，可直接推动微安表或检流计的光电流。因为光电池容易出现“疲劳效应”、寿命较短，只能用于低档的分光光度计中。

光电管在紫外-可见分光光度计上应用很广泛。它是以一个弯成半圆柱且内表面涂上一层光敏材料的镍片作为阴极，而置于圆柱中心的一金属丝作为阳极，密封于高真空的玻璃或石英中构成的，当光照到阴极的光敏材料时，阴极发射出电子，被阳极收集而产生光电流。随阴极光敏材料不同，灵敏的波长范围也不同，可分为蓝敏和红敏两种光电管，前者是阴极表面上沉积锑和铯，可用波长范围为 210～625 nm，后者是阴极表面上沉积银和氧化铯，可用波长范围为 625～1 000 nm，与光电池比较，光电管具有灵敏度高、光敏范围宽、不易疲劳的优点。

光电倍增管实际上是一种加上多级倍增电极的光电管。其外壳由玻璃或石英制成，阴极表面涂上光敏物质，在阴极和阳极之间装有一系列次级电子发射极，即电子倍增极等。阴极和阳极之间加直流高压(约 1 000 V)，当辐射光子撞击阴极时发射光电子，该电子被电场加速并撞击第一个电子倍增极，撞出更多的二次电子，如此不断进行，像“雪崩”一样，最后阳极收集到的电子数将是阴极发射电子的 10^5～10^6 倍。与光电管不同，光电倍增管的输出电流随外加电压的增加而增加，且极为敏感，这是因为每个倍增极获得的增益取决于加速电压。因此必须严格控制光电倍增管的外加电压。光电倍增管的暗电流越小，质量越好。光电倍增管灵敏度高、抗疲劳性好，可以配套使用狭缝较窄的单色器，从而能较好地分辨光谱的精细结构，是目前紫外-可见吸收光谱仪中应用最广的一种检测器。

二极管阵列检测器(diode array detector，DAD)，又称为光电二极管矩阵检测器(photo-diode array detector，PDAD)，是20世纪80年代出现的一种光学多通道检测器。在晶体硅上紧密排列一系列光电二极管，每一个二极管相当于一个单色器的出口狭缝，二极管越多，分辨率越高，一般一个二极管对应接受光谱上一个纳米谱带宽的单色光。二极管阵列检测器具有灵敏度高、噪声低和线性范围宽等优点，但是设备价格昂贵、其灵敏度也比常用的光电倍增管低一个数量级。光电二极管阵列检测器目前已在紫外-可见吸收光谱仪、液相色谱仪和毛细管电色谱仪中大量使用，在紫外-可见吸收光谱法中也是发展潜力最大的检测器之一。

5. 信号检测系统

信号检测系统用来记录或显示经检测器放大后的电信号。现在的紫外-可见吸收光谱仪中大都装有微型处理器，既可以记录、处理电信号，也可以在计算机上操作控制紫外-可见吸收光谱仪。

二、紫外-可见分光光度计类型

根据仪器结构，紫外-可见吸收光谱仪按照光学系统分为单波长分光光度计(其中又分为单光束和双光束分光光度计)、双波长分光光度计和光电二极管阵列分光光度计。各类型紫外-可见吸收光谱仪的光路图如图5-5所示。

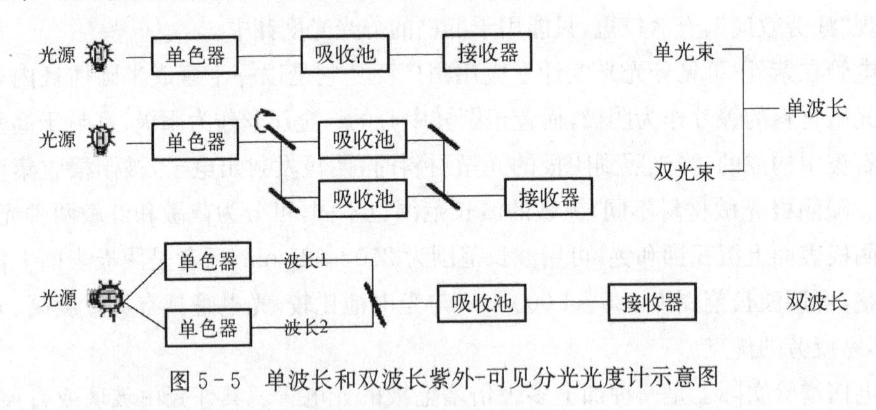

图5-5 单波长和双波长紫外-可见分光光度计示意图

1. 单波长单光束紫外-可见分光光度计

经过单色器的一束光依次通过参比溶液和试样溶液，并检测透过光的强度。这类光谱仪结构简单，价格容易被客户接受，主要适用于定量分析，尤其是固定波长的定量分析，而不适用于定性分析；不足之处是仪器受电源、光源等波动的影响较大，不能扣除这些波动的干扰，空白样品和待测样品单独测量，每换一个波长都要用空白溶液重新校正，不能准确地扣除空白值。

2. 单波长双光束紫外-可见分光光度计

现在的光谱仪大都是双光束的，从单色器出来的光经分光器一分为二，分别通过参比溶液和样品溶液，经扇形棱镜反射后将两束透射光汇合在一起进入具有换能器的检测系统。因为光强相同的两束光分别同时通过参比溶液和样品溶液，可以消除光源强度变化造成的误差。双光束紫外-可见吸收光谱仪可以连续绘出吸收光谱图，并记录下各波长下的吸光度，所以能定性分析试样。

3. 双波长紫外-可见吸收光谱仪

同一光源发射出的光分别透过两个单色器，可以同时得到两个波长不同的单色光，它们交替通过同一样品溶液，再会集到光电倍增管检测系统和信号检测系统。则得到的信号为两处不同波长处的吸光度之差，当两波长间隔 1～2 nm 并同时扫描时，所得信号为光谱的一阶导数，即吸光度对波长的变化曲线。这类光谱仪既能测定浓度高的试样、多组分混合试样，也能检测一般光谱仪不能测定的浑浊试样。双波长双光束紫外-可见吸收光谱法测定相互干扰的混合试样时，操作方法较单波长法简单，精确度也高。两个波长的光通过同一吸收池，既可以消除吸收池参数不同、位置不同和参比溶液造成的误差，也可以减小光源电压波动产生的干扰，从而提高检测的准确度、灵敏度。

4. 光电二极管阵列分光光度计

紫外可见光电二极管阵列分光光度计是利用光电二极管阵列作为多道检测器，系统由计算机控制的一种全新的单光束或双光束自动扫描紫外可见分光光度计，如图 5 - 6 所示。

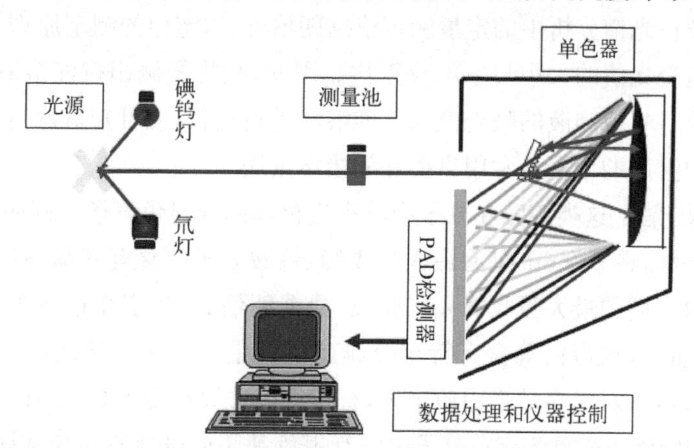

图 5 - 6　光电二极管阵列分光光度计结构示意图

光电二极管阵列检测器能在 0.02 s 内获取 190～1 100 nm 的全波长数据。独有的集成功能保证了优异的信噪比。它采用了全新的光学系统设计、微机控制和处理数据、光谱图和分析测试数据显示，具有光度测量、自动扫描测量光谱、定量分析、动力学分光光度分析等多项功能。其分析灵敏度和精确度高，光谱数据处理功能强，广泛用于药品检验、医药卫生、生物化学、环境监测、商品检验、石油化工、黑色和有色冶金等领域，是质量控制、技术鉴定和科学研究所必需的基本设备。

第三节　紫外-可见分光光度计应用

紫外-可见吸收光谱法分析的通常是试样溶液。气体样品需要富集到相应溶液中，液体试样原液需要稀释到合适的浓度，固体试样需要溶解后稀释成待测溶液。无机样品需要用合适的酸溶解或碱溶解后稀释成浓度合适的溶液，有机样品需要用有机溶剂溶解、抽提或浓缩后配制成待测溶液。有的时候需要采用干法灰化、湿法消化和微波消解等方法处理待测原样，最后转化成能用紫外-可见吸收光谱法检测的溶液。

一、定性分析

在生命科学研究领域，紫外-可见吸收光谱定性是依据它们的吸收光谱最大吸收峰λ_{max}的位置或吸收峰形状和数量，进行初步定性分析。核酸和蛋白质可以根据它们在紫外光区的特征吸收峰λ_{max}(核酸在260 nm；蛋白质在280 nm)处测得的吸光值，通过求出两者光吸收值的比值来判断提取的样品纯度。纯核酸吸光值的比值为$A_{280}/A_{260}=0.5$；纯蛋白吸光值的比值为$A_{280}/A_{260}=1.8$。利用A_{280}/A_{260}的比值可以初步确定提取的蛋白质和核酸纯度，该方法简单方便。

二、定量分析

生物大分子在光谱分析中的定量测定依据朗伯-比尔定律的测定原理，待测溶液在一定的浓度范围内吸光值的大小与浓度成正比。因此，只需要测出待测溶液的吸光值和标准溶液的吸光值。将待测液的吸光值与标准溶液进行比较，便可知道待测溶液的浓度，可以推算出溶液中溶质的含量。常用直接和间接定量法。

(1) 直接测定法：这类溶液在分子中具有生色基团或显色离子。例如，蛋白质分子中含有芳香族氨基酸，在280 nm处有最大吸收峰，核酸分子中含有碱基，在260 nm处有最大吸收峰。选取它们的最大吸收峰λ_{max}波长，根据朗伯-比尔定律进行含量测定。例如，血红蛋白、血蓝蛋白、铁蛋白等含有特定金属离子的蛋白质用直接法测定含量灵敏度较高，结果较准确，但是对大多数蛋白质来说，直接测定法灵敏度不高，存在误差。

(2) 间接测定法：这类溶液在分子中没有生色基团或虽然有生色基团但测定灵敏度不高，这时被测物质要与某些化学试剂或染色剂(显色剂)反应产生比较稳定的带颜色复合物，然后再测定复合物吸光度值，从而推算出被测物质的含量，如双缩脲、福林酚、茚三酮等可与蛋白质分子中的某些基团反应产生比较稳定的颜色。这类物质先与显色剂显色后再进行比色。或者通过与某些染料(染色剂)染色后再进行比色,如考马斯亮蓝 G-250、考马斯亮蓝 R-250、氨基黑 10B 等,该方法灵敏准确。

三、紫外-可见吸收光谱法测量条件的选择

1. 测量波长的选择

通常在定量分析时,选择最大吸收处的波长 λ_{max} 作为分析波长,测定的灵敏度高,并且在最大吸收波长 λ_{max} 附近,吸光度随波长的变化小,测定的误差也小。但是实际工作中如果最大吸收波长受到共存杂质的影响,往往选择灵敏度稍低、不受干扰的次强吸收波长。

2. 狭缝宽度的选择

分光光度计单色器分出来的单色光是通过狭缝截获的,如果狭缝的质量不好或者开得太大,所截获的单色光波长的单一性差,杂波就会与测定波长一起进入待测样品,干扰测定,引起测定误差。理论上,定性分析时采用最小的狭缝宽度。在定量分析中,为了避免狭缝太小,使出射光太弱而引起信噪比降低,可以将狭缝开大一点。通过测定吸光度随狭缝宽度的变化规律,选择出合适的狭缝宽度。狭缝宽度在某范围内吸光度恒定,狭缝宽度增大到一定程度时吸光度减小。因此,合适的狭缝宽度就是在吸光度不减小时的最大狭缝宽度。

3. 显色反应条件的选择

在许多情况下,物质的定量分析中,必须加入另一种试剂(显色剂),使该试剂与被测组分作用形成有吸收的化合物,这个过程称为显色。显色反应是测定过程中的一个重要环节。显色反应生成的有色溶液要理化性质稳定,显色条件易控制,重复性好,对照性好,反应物和生成物的最大吸收波长之差要在 60 nm 以上,在所测定波长处有较大的光吸收峰。

4. 参比液的选择

在光的吸收定律的基本假定中,忽略了吸收池对光的反射和吸收所带来的吸光度;溶剂、显色剂或共存离子也可能产生吸光或消光的现象;被测组分含量很低时,基体溶液可能会对其产生污染。这些都会对吸光度的测量产生影响。为了使入射光强度的减弱仅与溶液中被测组分的真实浓度成正比,必须对上述影响进行校正。吸光光度法中将能起校正上述影响作用的溶液称为参比溶液,或称空白溶液。正确选择参比溶液,对提高吸光光度法的准确度起着极其重要的作用。参比液选择原则如下。

(1) 溶剂参比:试样组成简单,共存组分少(基体干扰少),显色剂不吸收时,直接采用溶剂(多为蒸馏水)为参比。

(2) 试剂参比：当显色剂或其他试剂在测定波长处有吸收时，采用试剂作参比(不加待测物)。

(3) 试样参比：试样基体在测定波长处有吸收，但不与显色剂反应时，可以采用试样作参比(不能加显色剂)。

5. 待测溶液浓度的选择

待测溶液的浓度过高或过低，会使溶液中的某些分子发生变化，引起解离、聚合或沉淀等反应，因而影响测定的精度。待测液浓度要选在线性范围内。

6. 溶剂的选择

紫外-可见吸收光谱法所用的溶剂必须具有良好的溶解能力、较小的挥发性和毒性、不易燃等特点，另外在检测波长范围内没有明显的紫外-可见吸收。

思 考 题

1. 简述紫外-可见分光光度计的主要部件、类型及基本性能。
2. 分光光度法常用的单组分定量分析方法有哪几种?
3. 怎样获得紫外-可见吸收光谱?
4. 在有机化合物的鉴定与结构分析上，紫外-可见吸收光谱能提供哪些信息？有什么应用?
5. 紫外-可见吸收光谱有哪几种主要光谱带系？它们分别具有什么特点？产生的原因是什么？

第六章　荧光光谱分析

处于电子激发态的分子回到基态时发射的光称为荧光。荧光是由于物质吸收了光能而重新发出的波长不同的光。本章介绍的荧光，主要是指物质在吸收了紫外光后发出的波长较长的紫外荧光或可见荧光，以及吸收波长较短的可见光后发出的波长较长的可见荧光。荧光光谱分析法又称分子荧光分析法(molecular fluorescence analysis, MFA)，是根据物质分子的荧光光谱和荧光强度进行定性、定量检测的一种分析方法。属于分子光谱分析的范畴。

第一节　基 本 原 理

一、荧光的产生

每一个分子具有一系列分离的电子能级，每一电子能级中又具有一系列的振动能层和转动能层。当分子吸收了特征波长的光能后，分子内的电子从基态跃迁到较高的能级转变成激发态分子。而处于激发态的分子是很不稳定的，它首先要通过内转移过程将一部分能量转移给周围分子(如溶剂分子或其他溶质)，自身回到最低电子激发态振动能级，称为第一级电子激发态振动能级，处于这一能级的分子平均寿命大约是 10^{-8} s，如果这时分子不通过内转移的方式来消除剩余能量回到基态，而是通过发射出相应的光量子来释放能量，这就产生荧光，图 6-1 表示了激发态分子不稳定，可以通过几种途径释放能量返回到基态的过程，这个过程通常发生在 $10^{-9}\sim10^{-6}$ s 内。因此，第一级电子激发态最低振动能级是产生荧光的基础。分子吸收了能量后，电子跃迁到哪一个能级并不重要，但重要的是吸收了能量的分子经过内转移以后，将能量降到第一级电子激发态最低振动能级后，看它是否以光子的形式释放能量。在很多情况下，分子回到基态时，能量通过热量等形式散失到周围。但是有些情况下，能量是以光子的形式释放出来，此时就会发射荧光或磷光。

一种物质在吸收光量子后，激发态分子不稳定，可以通过以下几种途径释放能量返回基态。

1. 振动弛豫

这一过程只能发生在同一电子能级内，即分子通过碰撞以热的形式损失部分能量，从

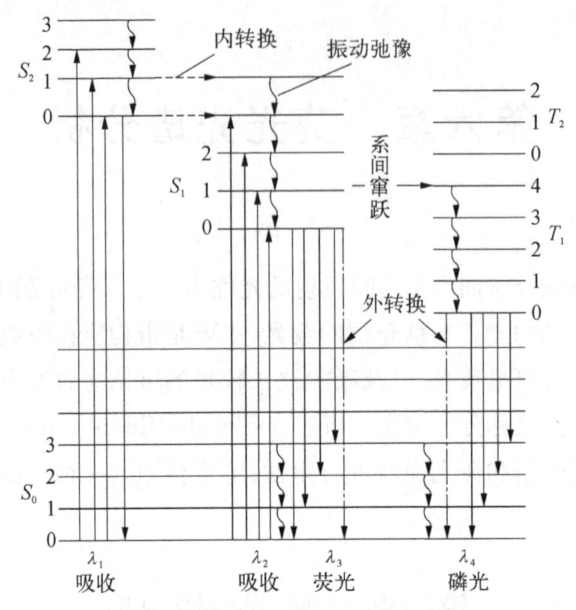

图 6-1 分子荧光与磷光的形成过程

较高振动能级下降到该电子能级的最低振动能级上。由于这一部分能量以热的形式释放，而不是以光辐射形式发出，因此振动弛豫属于无辐射跃迁。

2. 内转换

内转换是激发态分子将多余的能量转变为热能，从较高电子能级降至较低的电子能级。内转换也属于无辐射跃迁。

3. 系间窜跃

有些物质的激发态分子通过振动弛豫和内转换下降到第一电子激发态的最低振动能级后，有可能经过另一个无辐射跃迁转移至激发三重态，这一过程伴随着自旋方向的改变，称为系间窜跃。对于大多数物质，系间窜跃是禁阻的。如果分子中有重原子(如I、Br等)存在，由于自旋-轨道的强偶合作用，电子自旋方向可以改变，系间窜跃就变得容易了。

4. 荧光

具有荧光性的分子吸收入射光的能量后，其中的电子从基态(通常为自旋单重态)跃迁至具有相同自旋多重度的激发态。较高激发态分子经无辐射跃迁降至第一电子激发单重态的最低振动能级后，仍不稳定，停留较短时间后(约 10^{-8} s，称作荧光寿命)，以光辐射形式放出能量，回到基态各振动能级，这时所发射的光称为荧光。当然也可以以无辐射跃迁形式返回基态。

5. 磷光

经系间窜跃的分子再通过振动弛豫降至激发三重态的最低振动能级，停留一段时间(10^{-4}秒至数秒，称作磷光寿命)，然后以光辐射形式放出能量返回到基态各振动能级，这时发出的光称为磷光(phosphorescence)。由于激发三重态能量比激发单重态最低振动能级能量低，故磷光辐射的能量比荧光更小，即磷光的波长比荧光更长。

荧光与磷光的根本区别：荧光是由激发单重态最低振动能层至基态各振动能层间跃迁产生的；而磷光是由激发三重态的最低振动能层至基态各振动能层间跃迁产生的。发出磷光的退激发过程是被量子力学的跃迁选择规则禁阻的，因此这个过程很缓慢。所谓的“在黑暗中发光”的材料通常都是磷光性材料，如夜明珠。

二、荧光光谱

1. 荧光检测

光源发出的紫外可见光通过激发单色器分出不同波长的激发光，照射到样品溶液上，激发样品产生荧光。样品发出的荧光为宽带光谱，需通过发射单色器分光后再进入检测器，检测不同发射波长下的荧光强度 F。由于激发光不可能完全被吸收，可透过溶液，为了防止透射光对荧光测定的干扰，常在与激发光垂直的方向检测荧光(因荧光是向各个方向发射的)。

2. 荧光激发谱和发射谱

荧光光谱包括激发谱和发射谱两种。激发谱(excitation spectrum)是荧光物质在不同波长的激发光作用下测得的某一波长处的荧光强度的变化情况，也就是不同波长的激发光的相对效率；发射谱(fluorescence emission spectrum)则是在某一固定波长的激发光作用下荧光强度在不同波长处的分布情况，也就是荧光中不同波长的光成分的相对强度。任何荧光化合物的分子在吸收能量和释放能量的过程中，都存在着两种特征光谱，这是利用荧光物质光谱的特性进行定性定量分析的基本条件。

(1) 激发光谱：保持荧光发射波长不变(即固定发射单色器)，依次改变激发光波长(即调节激发单色器)，测定在不同波长的激发光下得到的荧光强度 F(即激发光波长扫描)。然后以激发光波长为横坐标，以荧光强度 F 为纵坐标作图，就可得到该荧光物质的激发光谱。激发光谱曲线的形状与吸收光谱曲线的形状是相同的或者极为相似的，这是因为荧光物质的分子吸能过程就是激发过程，吸收光谱就相当于激发光谱。激发光谱上荧光强度最大值所对应的波长就是最大激发波长，是激发荧光最灵敏的波长。

(2) 荧光发射谱：荧光发射谱常称为荧光光谱，又称发射光谱。保持激发光波长不变(即固定激发单色器)，依次改变荧光发射波长，测定样品在不同波长处发射的荧光强度

F。以发射波长为横坐标,以荧光强度 F 为纵坐标作图,得到荧光发射光谱。荧光发射光谱上荧光强度最大值所对应的波长就是最大发射波长。

3. 发射光谱与激发光谱的关系

(1) 发射光谱形状与激发光波长无关:由于荧光是分子从第一电子激发态的最低振动能级返回到基态的各振动能级时释放的光辐射,与分子被激发至哪一个电子激发态无关。

(2) 发射光谱比激发光谱波长更长:由于分子吸收激发光被激发至较高激发态后,先经无辐射跃迁(振动弛豫、内转换)损失掉一部分能量,到达第一电子激发态的最低振动能级,再由此发出荧光。因此,荧光发射能量比激发光能量低,发射光谱比激发光谱波长更长。

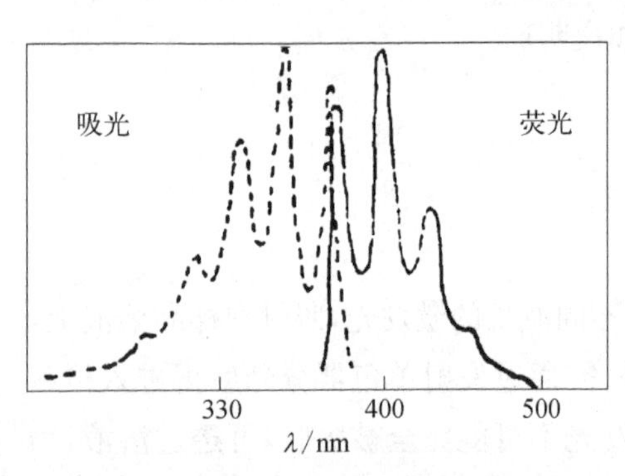

图 6-2 荧光发射光谱与吸收光谱图

(3) 镜像对称:对于高度对称的有机分子,其荧光发射光谱与吸收光谱呈镜像对称关系,见图 6-2。荧光由第一电子激发单重态的最低振动能级跃迁到基态的各个振动能级而形成,即其形状与基态振动能级分布有关。激发光谱是由基态最低振动能级跃迁到第一电子激发单重态的各个振动能级而形成的,即其形状与第一电子激发单重态的振动能级分布有关。由于激发态和基态的振动能级分布具有相似性,因此呈镜像对称。

三、影响荧光产生及荧光强度的因素

1. 物质产生荧光的必要条件

一种物质能否发荧光以及荧光强度的高低,与它的分子结构及所处的环境密切相关。能够发射荧光的物质都应同时具备两个条件:其一是物质分子必须有强的紫外吸收(由 $\pi \rightarrow \pi^*$ 跃迁);其二是物质具有较高的荧光效率(fluorescence efficiency)。荧光效率也称荧光量子产率或量子效率,用 φ_f 表示。荧光量子产率是物质荧光特性中最基本的参数之一,它表示物质发射荧光的效率,它对生色团周围的环境以及各种淬灭过程很敏感。量子产率的改变必然会引起荧光强度的改变。

$$\varphi_f = \frac{\text{发射光量子数}}{\text{吸收光量子数}} = \frac{K_f}{K_f + \sum K_i} \qquad \text{式(6-1)}$$

式中,K_f 为荧光发射过程的速率常数;$\sum K_i$ 为无辐射跃迁的速率常数之和。一般而言,K_f 主要取决于化合物的分子结构;而 $\sum K_i$ 则主要取决于化合物所处的外界环境,同时也受到分子结构的影响。荧光效率在 0.1~1 的荧光化合物才具有分析应用价值。

2. 影响荧光及其强度的因素

(1) 荧光与分子结构的关系：化合物只有能够吸收紫外-可见光，才有可能发射荧光。所以能够发射荧光的化合物的分子中肯定含有强吸收官能团共轭双键，并且共轭体系越大，π 电子的离域能力越强，越易被激发而产生荧光。大部分能发荧光的物质至少含有一个芳环，随着共轭芳环的增大，荧光效率逐渐升高，荧光波长向长波长方向移动。例如，萘的荧光效率为 0.29，荧光波长为 310 nm，而蒽的荧光效率和波长分别为 0.16 nm 和 400 nm。其次，分子的刚性平面结构有利于荧光的产生。例如，分子结构极其相似的酚酞和荧光黄，酚酞没有氧桥，分子不易保持刚性平面，不易产生荧光，而有氧桥的荧光黄在 0.1 mol/L NaOH 溶液中的荧光效率高达 0.92，这是因为刚性平面结构减少了分子间振动碰撞去活的可能性。一些有机配位剂与金属离子形成螯合物后会增强荧光强度，这也可以归功于刚性结构的存在。例如，8-羟基喹啉的荧光较弱，而与 Mg^{2+} 形成的配合物则是强荧光化合物。取代基对化合物的荧光特征和强度也有很大的影响，—OH、—NH_2 和—OR 等给电子取代基能增大共轭效应，从而使荧光增强；—COOH、—NO 和—NO_2 等吸电子取代基可以使荧光减弱。如苯胺和苯酚的荧光强度比苯的大，而硝基苯则成了非荧光化合物。在卤素取代基中，随着卤族元素原子序数的增加，化合物的荧光强度会逐渐减弱，而磷光强度则逐渐增强，这种现象即为“重原子效应”。这是因为重原子中能级交叉现象严重，容易发生自旋轨道耦合作用，显著增加了 S1—T1 的体系间窜跃概率。

(2) 外界环境因素对荧光的影响：同一种荧光化合物在不同的溶剂中可能具有不同的荧光性质。一般而言，激发态电子的极性比基态电子的大。增加溶剂的极性，会使激发态电子更加稳定，使化合物的荧光波长发生红移，能增大荧光强度，如苯、乙醇和水中奎宁的荧光效率分别为 1、30 和 1 000。温度对化合物荧光强度的影响也比较明显。因为辐射跃迁的速率随温度的变化基本保持不变，而无辐射跃迁的速率则随温度的升高而显著增大。所以，升高温度会增加无辐射跃迁的发生概率，从而降低大多数荧光化合物的荧光效率。因为三重态电子的寿命比激发单重态的长，所以温度对分子磷光的影响比对分子荧光的大。pH 仅对含有酸性或碱性取代基芳香族化合物的荧光性质有较大的影响。共轭酸碱两种型体因为具有不同的电子云排布，所以具有不同的荧光性质，分别具有各自特有的荧光效率和荧光波长。溶液中的表面活性剂能使荧光物质处于更加有序的胶束微环境中，保护了处于激发单重态的荧光化合物分子，从而减小了发生无辐射跃迁的概率、提高了荧光效率。顺磁性化合物如 O_2 能够加大 S1—T1 的体系间窜跃速率，所以溶液中溶解氧会降低荧光效率。

(3) 荧光强度和溶液浓度的关系：荧光强度 I_f 正比于吸收的光强度(光强) I_a 及荧光量子产率 φ_f。

$$I_f = I_a \varphi_f \qquad 式(6-2)$$

当荧光物质浓度 C 很低，吸收光量不超过总光量的 2%时，荧光强度 I_f 满足如下关系：

$$I_f = KC \qquad 式(6-3)$$

式中，$K = 2.303\varphi_f I_0 \varepsilon b$；摩尔吸光系数 ε 和样品溶液的光程(即液池的厚度)b 均为常数；I_0 为入射光强度；C 为待测溶液的浓度。式(6-3)表明，荧光强度与荧光物质的浓度成正比，这是荧光分析法定量分析的依据。如果以荧光强度对荧光化合物作图，在浓度低时呈现良好的线性关系；当荧光化合物的溶液浓度较高时，荧光强度和浓度之间的线性关系将发生偏离，甚至会随溶液浓度的增大而降低。荧光猝灭效应和内滤效应的存在是导致标准工作曲线弯曲的重要原因。$K = 2.303\varphi_f I_0 \varepsilon b$ 表明，荧光强度 I_f 还与激发光的光强 I_0 以及消光系数 ε 有关，而消光系数与激发光波长有关，所以，荧光强度 I_f 还与激发光波长有关。

当样品浓度较高时，荧光物质分子易与溶剂分子或其他溶质分子相互作用，引起溶液的荧光强度降低，荧光强度不再与浓度呈线性关系，这种现象称为荧光猝灭效应。其中，样品浓度过大时，荧光在样品池中分布不均匀，以及荧光在未射出样品池之前就被溶液中未被激发的荧光物质吸收的现象又称内滤效应。溶液浓度越大，内滤效应越显著。除了荧光物质分子间碰撞及其与溶剂分子碰撞可能引起猝灭，溶液中其他成分，特别是顺磁性物质的存在，将使猝灭效应加剧。因此，在进行荧光检测时，试样要配成足够低浓度的溶液，减少碰撞去激发的机会，可以用降低温度，增大溶液黏度或把荧光(磷光)物质附着在固体支撑物测定的方法，以减少猝灭效应。

第二节 荧光光谱仪

常用的荧光光谱仪的组成和紫外-可见吸收光谱仪类似，都是由光源、单色器、样品池和检测器等组成。与紫外-可见吸收光谱仪的不同之处在于：一是为消除透射光的影响，荧光光谱仪采用垂直测量方式，即在与激发光垂直的方向检测荧光；二是荧光光谱仪有两个单色器，一个是为了获得单色性较好激发光而置于样品池前的激发单色器，另一个是为了得到某一特定波长荧光、消除其他杂散光干扰而置于样品池和检测器之间的发射检测器，如图 6-3 所示。

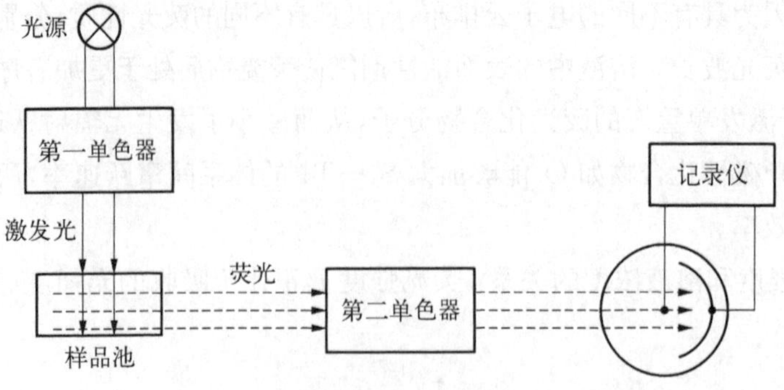

图 6-3 荧光光谱仪基本部件示意图

一、光源

荧光分析仪的光源辐射波长应在紫外-可见光区，为了提高灵敏度，光源应满足强度大、使用波长范围宽的要求。常用的有氙弧灯、高压汞灯和激光光源。

高压汞灯是利用汞蒸气放电发光的光源，常用的分子荧光分析谱线有 365 nm、405 nm 和 436 nm 三条，其中 365 nm 波长处的谱线最强，其光谱略呈带状，平均寿命在 2 500 h 左右；氙弧灯是一种短弧气体放电灯，其在分子荧光分析仪中的应用最广泛，工作时，在相距约 8 mm 的钨电极间形成一强电子流，氙原子经电子流撞击后解离为正离子，氙正离子和电子复合而发光，其光谱在 200～800 nm 范围内呈连续光谱，在 200～400 nm 波段的光谱强度几乎不变。但是氙弧灯工作时需要稳压电源以保证光源的稳定。另外，可调谐染料激发器作为一种新型荧光激发光源显示出巨大的潜力和优势，应用波长在 330～1 020 nm。

二、单色器

荧光计的单色器一般是光栅或干涉滤光片。采用两个单色器的分子荧光分析仪，一个用于选择激发波长，另一个用于分离选择荧光发射波长，因此既可以获得激发光谱，也可以获得荧光光谱。

三、样品池

样品池即为荧光比色皿，一般采用弱荧光材料石英制成，形状以方形和长方形为宜。作用同紫外-可见吸收光谱仪的吸收池，不同之处在于荧光比色皿是四面透光的(这是因为分子荧光分析仪有两个垂直的、作用不同的单色器)。

四、检测器

因为荧光的强度一般较弱，所以要求检测器具有较高的灵敏度。又因为有两个不同作用的单色器，所以需配置两个检测器。通常采用光电倍增管为检测器。荧光强度和激发光强度线性相关，现代电子技术又可以检测微弱的光信号，故可以通过提高激发光强度来增大荧光强度，从而能提高分子荧光分析仪的检测灵敏度。二极管阵列检测器、电感耦合检测器以及光子计数器等高功能检测器也已经得到应用。

第三节 荧光分析法在生物学中的应用

荧光分析应用的范围很广。生物学和医学的各个学科，包括生理、生化、生物物理、药理、免疫、细胞、遗传等，都可以使用这一技术。从研究的材料来看，氨基酸、蛋白质核酸、维生素、酶、药物、毒物等都可以采用。

多数荧光光谱仪的灵敏度较高,可达 10^{-12}～10^{-10} g,有利于检测体液中的微量物质。荧光光谱仪可用于荧光物质的定性和定量分析、化学表征、色谱流出物的检测等;研究膜结构和功能、确定抗体的形态、研究生物分子的异质性、评价药物的相互作用、确定酶的活性和反应、荧光免疫分析、监测体内化学过程、获得分子信息等。下面主要介绍内源荧光和外源荧光在生物学、医学中的应用。

一、内源荧光的探测和应用

生物学中比较重要的天然荧光分子多属具有共轭双键的系统,如芳香氨基酸、核黄素、维生素 A、卟啉、叶绿素、NADH 和 tRNA 中的 Y 碱基(二氢尿嘧啶)等。对于含有这些天然荧光物质的样品,可以直接通过测量其荧光来确定其存在、分布及数量。

1. 蛋白质的内源荧光

蛋白质的荧光来自色氨酸、酪氨酸和苯丙氨酸。它们的相对荧光强度之比为 100∶9∶0.5。色氨酸是主要的蛋白质荧光贡献者。检测蛋白质的天然荧光,可采用 280 nm 的激发波长,发射波长范围在 340～350 nm(蛋白溶液为中性时)。如果蛋白中不含色氨酸,只含苯丙氨酸和酪氨酸,则荧光光谱主要表现酪氨酸的特征,最大发射波长约为 304 nm。对于含有色氨酸的蛋白,荧光光谱则主要表现色氨酸的特征,最大荧光发射在 320～350 nm。

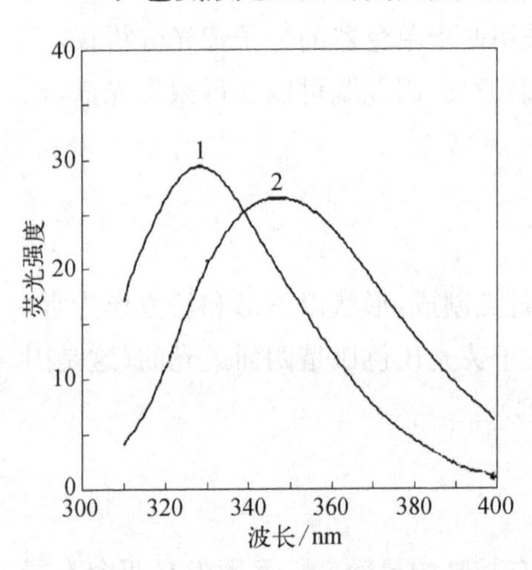

图 6-4　精氨酸激酶内源荧光光谱

曲线 1: 天然精氨酸激酶;
曲线 2: 去折叠精氨酸激酶

利用蛋白质的内源荧光测定蛋白质浓度,其灵敏度高于紫外吸收法,而且没有核酸的干扰。例如,用蛋白质的内源荧光检测牛奶中的蛋白质含量,就是一种既快又准确的方法。利用蛋白质的内源荧光可以检测蛋白质的结构变化。图 6-4 是天然和去折叠精氨酸激酶内源荧光光谱图。

2. 维生素的内源荧光分析

维生素具有强的紫外光荧光效应,所以用荧光分析法检测维生素,很早以前就开始了。可以用荧光分析测定的维生素有: 维生素 A、维生素 B 族、维生素 C、维生素 D、维生素 E 和维生素 K 等,这些维生素指的是物质内和人体内的含量测量。例如,维生素 A 用 345 nm 波长的紫外光激发,在 490 nm 处测溶液的荧光强度,然后由标准工作曲线求出维生素 A 的含量。

二、外源荧光的应用

由于天然荧光分子种类有限，在生物医学应用中，应用得更加广泛的是外源荧光技术。目前，荧光探针的种类已经有上千种，人们可以根据所研究问题的不同，选择不同的荧光探针。分别有蛋白质的荧光标记探针，核酸的荧光标记探针，生物膜的荧光标记探针，金属代谢的荧光监测探针，荧光探剂作为 pH 指示剂等。

荧光探针作为研究生物大分子（如核酸、蛋白质）的有力工具，已经广泛应用，例如，DNA 和核糖核酸（RNA）是重要的遗传物质，也是某些药物作用的靶分子，研究 DNA 和 RNA 与小分子荧光探针及药物的相互作用具有重要意义。应用荧光光谱法和紫外-可见吸收光谱法研究药物与 DNA 相互作用的主要依据是，药物与 DNA 作用后吸收光谱和荧光光谱发生了变化。但与蛋白质不同的是，DNA 的吸收波长在 260 nm，而其荧光很弱，直接利用荧光光谱法研究药物与 DNA 的相互作用受到一定的限制。因此，在用荧光光谱法研究药物与 DNA 的作用时，一般要利用与之相互作用的药物的自身荧光，或者利用荧光探针试剂与 DNA 作用后产生的荧光。研究小分子与蛋白质的相互作用，特别是具有生物活性的药物小分子与蛋白质的相互作用，有助于了解药物在体内的运输和分布情况，对阐明药物的作用机制、药代动力学及药物的毒副作用有重要意义。

随着荧光分析法的应用更加广泛，发展了各类荧光分析方法，如对不发荧光的物质可通过某类化学反应使其转变为适合测定的荧光物质，近年来，还发展了各种新型荧光分析技术，如激光诱导荧光法、同步荧光法、三维荧光光谱、时间分辨荧光光谱等，这些技术的应用加速了各种新型荧光分析仪器的研制，使荧光分析不断朝着高效、痕量、微观和自动化方向发展。

思　考　题

1. 简述影响荧光效率的主要因素。

2. 从原理和仪器组成两方面比较紫外吸收光谱法和荧光分析法，并说明荧光分析法的检出性优于紫外吸收光谱法的原因。

3. 区别分子荧光和分子磷光的理论基础是什么？

4. 为何荧光发射光谱的形状通常与激发波长无关？

5. 具有强荧光的物质通常具备哪些主要结构特点？

第七章　红外吸收光谱法

红外光谱(infrared absorption spectrum, IR)又称分子振动-转动光谱,属于分子吸收光谱。当化合物受到连续波长的红外光照射时,会引起分子的振动、转动能级的跃迁,相应区域的透射光强减弱,从而产生红外光谱。利用红外光谱进行化合物定性、定量分析及分子结构表征的方法称为红外吸收光谱法。

红外光区在可见光区和微波光区之间,波长范围为 0.75～1 000 μm,根据仪器技术和应用,习惯上又将红外光谱区按波长分为三个区：近红外光区 0.75～2.5 μm(4 000～13 300 cm^{-1})、中红外光区 2.5～5 μm(400～4 000 cm^{-1})和远红外光区 25～1 000 μm(10～400 cm^{-1})。

近红外光区的吸收谱带主要是由低能电子跃迁、含氢原子团(如 N—H、O—H、C—H)的伸缩振动的倍频及合频吸收产生。该区的光谱可用来研究稀土和其他过渡金属离子的化合物,并适用于水、醇、某些高分子化合物以及含氢原子团化合物的定量分析,可以用来直接分析谷物等样品中蛋白质、水分、脂肪、淀粉以及氨基酸等的含量,广泛应用于农产品、石油等领域内对有机物质的定量分析和检测。

中红外光区是研究和应用最多的区域,其谱图复杂,特征性强。绝大多数有机化合物和无机离子的振动能级跃迁的基频吸收都出现在中红外区。由于基频振动是红外光谱中吸收最强的振动,所以该区是物质结构分析中应用最多的谱区。通常,中红外光谱法又简称为红外光谱法。目前中红外光谱仪最为成熟、简单,而且该区已积累了大量的数据资料。

远红外光区：物质对远红外区的吸收主要是由能级间距小的一些振动、气体分子的纯转动能级跃迁、液体和固体中重原子的伸缩振动、某些变角振动、骨架振动以及晶体中的晶格振动所引起的。由于低频骨架振动能灵敏地反映出结构变化,因此对异构体的研究特别方便。此外,还能用于金属有机化合物(包括络合物)、氢键、吸附现象的研究。远红外光区光子能量较低,对光源和检测器的要求较高,因此在使用上受到限制。

红外光谱是"四大波谱"中应用最多、理论最为成熟的一种方法,红外光谱法的特点如下：① 除单原子分子及单核分子外,几乎所有化合物均有红外吸收,且谱带复杂,显示了丰富的分子结构和组成信息;② 测试简单,无烦琐的前处理和化学反应过程,测试速度快,测试过程大多可以在 1 min 之内完成,大大缩短测试周期;③ 样品用量少且可回收,可减少到微克级;④ 测试过程无污染,检测成本低;⑤ 对样品无损伤,可以在活体分析和医药临床领域广泛应用;⑥ 使用的样品范围广,通过相应的测试器件可以直接测量气态、液体、固体、半固体和胶状体等不同物态的样品,光谱测量方便。

第一节　红外吸收光谱基本原理

一、红外吸收光谱的产生条件

任何物质的分子都是由原子通过各类化学键连接为一个整体。分子中的原子与化学键都处于不断的运动中。它们的运动，除了原子外层价电子跃迁，还有分子中原子的振动和分子本身的转动，这些运动形式都可能吸收外界能量而引起能级的跃迁。当用一定频率的红外光照射分子时，如果分子中某一个键的振动频率和它一致，两者就会产生共振，光的能量通过分子偶极矩的变化传递给分子，这个键就会吸收部分该频率的红外光的能量，振动加强，发生振动能级跃迁。如果用连续改变频率的红外光照射某分子，分子对不同频率的红外光吸收程度不同，使得相应的某些吸收区域的透射光强度减弱，而另一些波数范围透射光强度仍然较强，记录红外光的百分透射比与波数或波长关系曲线，就得到红外光谱图，以化合物 $CH_3COOCH_2CH_3$ 的红外光谱图为例，如图 7－1 所示。

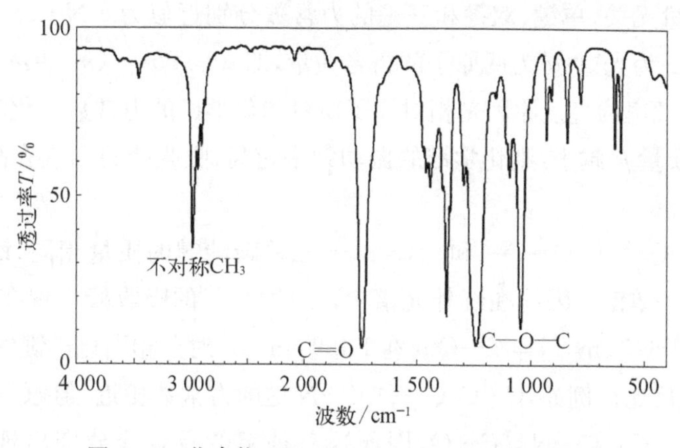

图 7－1　化合物 $CH_3COOCH_2CH_3$ 的红外光谱图

红外吸收光谱是分子振动能级跃迁产生的，但并不是所有的振动能级跃迁都能在红外光谱中产生吸收峰。物质吸收红外光发生振动和转动能级跃迁必须满足两个条件：① 红外辐射光量子具有的能量与发生振动跃迁所需的跃迁能量相等；② 分子振动时，偶极矩的大小或方向必须有一定的变化。红外跃迁的能量转移机制是通过振动过程导致的偶极矩的变化与交变的电磁场（红外光）相互作用发生的。只有发生偶极矩变化的振动才能引起可观测的红外吸收光谱，称为红外活性；偶极矩不变的分子振动不能产生红外振动吸收，称为非红外活性。因此，除了单原子和同核分子如 Ne、He、O_2、H_2 等，几乎所有的有机化合物在红外光谱区均有吸收。除光学异构体、某些高分子质量的高聚物以及在分子质量上只有微小差异的化合物外，凡是具有结构不同的两个化合物，一定不会有相同的红外光谱。

二、双原子分子的振动

简单的双原子化合物的振动方式是分子中的两个原子以平衡点为中心，沿着键的方向，以非常小的振幅(与原子核之间的距离相比)做周期性的伸缩运动，可近似地看作简谐振动。这种分子振动的模型，可以用经典力学的方法来表示，即把两个质量为 m_1 和 m_2 的原子看成刚体小球，连接两原子的化学键设想成无质量的弹簧，弹簧的长度 r 就是分子化学键的长度，如图 7-2 所示。

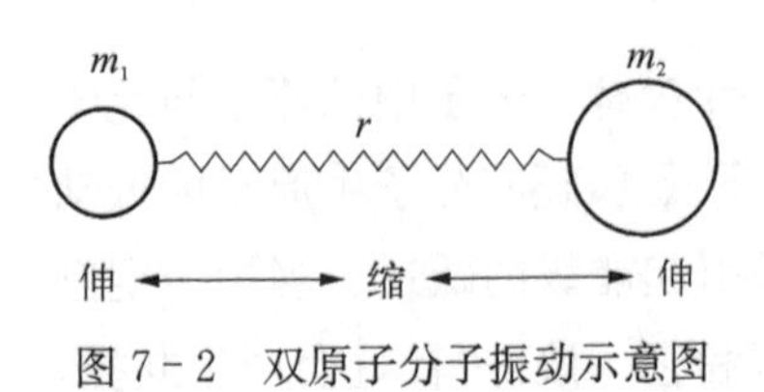

图 7-2　双原子分子振动示意图

由胡克定律可导出该体系的基本振动频率计算公式：

$$\nu=\frac{1}{2\pi}\sqrt{\frac{K}{\mu}}\quad 或\quad \bar{\nu}=\frac{\nu}{c}=\frac{1}{2\pi c}\sqrt{\frac{K}{\mu}}\qquad 式(7-1)$$

式中，K 为化学键的力常数，定义为将两原子由平衡位置伸长单位长度时的恢复力(单位 $N\cdot cm^{-1}$)，相当于胡克弹簧常数，是各种化学键的属性，代表键伸缩和张合的难易程度，与原子质量无关，单键、双键和三键的力常数分别近似为 $5\ N\cdot cm^{-1}$、$10\ N\cdot cm^{-1}$ 和 $15\ N\cdot cm^{-1}$；c 为光速；μ 为两原子的折合质量，即 $\mu=m_1m_2/(m_1+m_2)$。式(7-1)表明影响基本振动频率的直接原因是相对原子质量和化学键的力常数。化学键的力常数 K 越大，原子折合质量 μ 越小，则化学键的振动频率越高，吸收峰将出现在高波数区；反之，则出现在低波数区。

例如，≡C—C≡、═C═C═ 和 —C≡C— 三种碳碳键的质量相同，键力常数的顺序为：三键＞双键＞单键。因此在红外光谱中，—C≡C— 的吸收峰出现在 $2\,222\ cm^{-1}$，而 ═C═C═ 约在 $1\,667\ cm^{-1}$，≡C—C≡ 在 $1\,429\ cm^{-1}$。对于相同化学键的基团，波数与原子质量平方根成反比。例如，C—C、C—O、C—N 键的力常数相近，但原子折合质量不同，其大小顺序为 C—C＜C—N＜C—O，因而这三种键的吸收峰分别出现在 $1\,430\ cm^{-1}$、$1\,330\ cm^{-1}$、$1\,280\ cm^{-1}$ 附近。

上述用经典方法来处理分子的振动是宏观处理方法，或是近似处理的方法。但一个真实分子的振动能量变化是量子化的，除了化学键两端的原子质量、化学键的力常数影响基本振动频率，分子中的基团与基团之间、基团中的化学键之间都有相互影响。

三、多原子分子的振动

多原子分子的振动比双原子的振动要复杂得多。在红外光谱中分子的基本振动形式可分为两大类：一类为伸缩振动，另一类为变形振动。

1. 伸缩振动

原子沿键轴方向做周期性的伸和缩，键长发生变化而键角不变的振动称为伸缩振动，

用符号 v 表示。它又可以分为对称伸缩振动(v_s)和不对称伸缩振动(v_{as})。对同一基团，不对称伸缩振动的频率要稍高于对称伸缩振动的频率。

(1) 对称伸缩振动(v_s)：两个化学键在同一平面内均等地同时向外或向内伸缩振动。

(2) 不对称伸缩振动(v_{as})：两个化学键在同一平面内，一个向外伸展，另一个向内收缩。

2. 变形振动(又称弯曲振动或变角振动)

基团键角发生周期性变化而键长不变的振动称为变形振动，用符号 δ 表示。变形振动又分为面内变形振动和面外变形振动。

(1) 面内变形振动(β)：弯曲振动在几个原子所构成的平面内进行。又可分为：① 剪式振动(δ)，在振动过程中键角发生变化的振动；② 平面摇摆振动(ρ)，基团作为一个整体，同时向左或向右弯曲，在平面内摇摆的振动。

(2) 面外变形振动(γ)：变形振动在垂直于几个原子所构成的平面外进行。也可分为两种：① 非平面摇摆振动(ω)，两个键同方向运动；② 扭曲振动(τ)，两个键异方向运动。

亚甲基的各种振动形式如图 7－3 所示。同等原子之间键的伸缩振动所需能量远比弯曲振动的能量高，因此伸缩振动的吸收峰波数比相应键的弯曲振动峰波数高。上面几种振动形式中出现较多的是伸缩振动(v_s和 v_{as})、剪式振动(δ)和面外变形振动(γ)。按照振动形式的能量排列，一般为 $v_{as} > v_s > \delta > \gamma$。

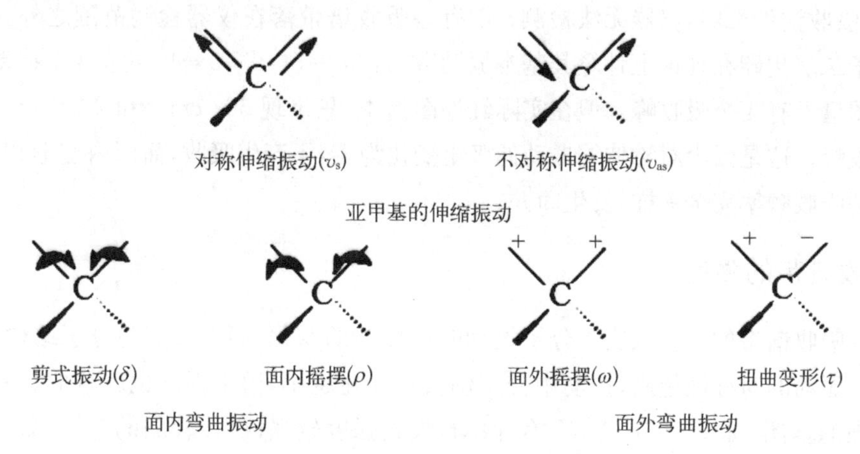

图 7－3　亚甲基的各种振动形式

(+、－分别表示运动方向垂直纸面向里和向外)

分子吸收红外辐射后，由基态振动能级跃迁至第一振动激发态时，所产生的吸收峰称为基频峰。基频峰的位置等于分子的振动频率。在红外吸收光谱上除基频峰外，还有振动能级由基态跃迁至第二激发态、第三激发态……所产生的吸收峰称为倍频峰。在倍频峰中，二倍频峰仍比较强，三倍频峰以上，因跃迁概率很小，一般都很弱，常常不能测到。

而且由于分子非谐振性质，各倍频峰并非正好是基频峰的整数倍，而是略小一些。除此之外，合频峰是在两个以上基频峰波数之和处出现的吸收峰，差频峰是在两个以上基频峰波数之差处出现的吸收峰，这些峰多数很弱，一般不容易辨认。倍频峰、合频峰和差频峰统称为泛频峰。

四、基本振动的理论数

双原子分子只有一种振动方式(伸缩振动)，所以可以产生一个基本振动吸收峰。而多原子分子随着原子数目的增加，组成分子的键或基团以及空间结构不同，振动方式比双原子分子要复杂，因而它可以出现一个以上的吸收峰，且这些峰的数目与分子的振动自由度有关。在研究多原子分子时，常把多原子的复杂振动分解为许多简单的基本振动(又称简谐振动、简正振动)，分子中任何一个复杂振动都可以看成这些基本振动的线性组合。

简谐振动的数目称为振动自由度，每个振动自由度相当于红外光谱图上一个基频吸收谱带。分子自由度数目与该分子中各原子在空间坐标中运动状态的总和紧密相关。经典振动理论表明，含有 n 个原子的分子就得用 $3n$ 个坐标描述分子的自由度，相当于 $3n$ 种基本振动，其中 3 个为转动、3 个为平动、剩下 $3n-6$ 个为振动自由度。每种振动形式都有它特定的振动频率，即有相对应的红外吸收峰，因此分子振动自由度数目越大，在红外吸收光谱中出现的峰数也就越多。但是实际上，绝大多数化合物在红外光谱图上出现的峰数远小于理论上计算的振动数，这是由如下原因引起的：① 没有偶极矩变化的振动，不产生红外吸收；② 相同频率的振动吸收重叠，即简并；③ 仪器不能区别频率十分接近的振动，或吸收谱带很弱，仪器无法检测；④ 有些吸收谱带落在仪器检测范围之外。例如，线型分子二氧化碳在理论上计算其基本振动数为：$3n-5=9-5=4$，共有 4 个振动形式，在红外图谱上有 4 个吸收峰。但在实际红外图谱中，只出现 667 cm^{-1} 和 2 349 cm^{-1} 两个基频吸收峰。这是因为对称伸缩振动偶极矩变化为零，不产生吸收，而面内变形和面外变形振动的吸收频率完全一样，发生简并。

五、吸收谱带的强度

红外吸收谱带的强度取决于分子振动时偶极矩的变化，而偶极矩与分子结构的对称性有关。振动的对称性越高，振动中分子偶极矩变化越小，谱带强度也就越弱。一般地，极性较强的基团(如 C═O、C—X 等)振动，吸收强度较强；极性较弱的基团(如 C═C、C—C、N—N 等)振动，吸收强度较弱。红外光谱的吸收强度一般按摩尔吸光系数 ε 的大小用很强(vs)、强(s)、中(m)、弱(w)和很弱(vw)等表示。

吸收峰的强弱取决于基团偶极矩改变的难易程度。基团的极性越大，吸收峰越强。例如，羰基特征峰在整个图谱中总是最强的峰之一。如果在羰基吸收区仅出现弱的吸收，就只能将其视作由样品中少量含羰基的杂质产生的，或是其他峰的倍频峰和合频峰。同一种基团当其化学环境不相同时，除了吸收峰位置有变动，吸收强度也发生变化。有些基团如氰基强度变化比位置的变动更突出；如芳香腈或α,β-饱和腈与饱和脂肪腈的氰基峰位置仅差30～40 cm^{-1}，而吸收强度相差4～5倍。

六、基团频率

物质的红外光谱，是分子结构的反映。谱图中的吸收峰，与分子中各基团的振动形式相对应。多原子分子的红外光谱与其结构的关系，一般通过实验手段获得，即通过比较大量已知化合物的红外光谱，从中总结出各种基团的吸收规律。实验表明：组成分子的各种基团，如O—H、N—H、C—H、C═C、C═O和C≡C等，都有自己的特定的红外吸收区域，分子的其他部分对其吸收位置影响较小。通常把这种能代表基团存在、并有较高强度的吸收谱带称为基团频率，其所在的位置一般又称为特征吸收峰。

1. 基团频率区和指纹区

按照红外光谱与分子结构的特征，红外光谱可大致分为1 300～4 000 cm^{-1}和400～1 300 cm^{-1}两个区域。最有分析价值的基团频率在1 300～4 000 cm^{-1}，这一区域称为基团频率区、官能团区或特征区。区内的峰是由含氢的官能团和含双键、三键的官能团伸缩振动产生的吸收谱带，由于折合质量小或键的力常数大，因而出现在高波数区，峰的数目较少但强度较大，容易辨认。一般说来，每个峰都可得到较确切的归属，由此给出化合物的特征官能团和结构类型的重要信息。

在400～1 300 cm^{-1}的低频区内出现的谱带主要是由不含氢的单键官能团伸缩振动和各种弯曲振动引起的，同时也有一些相邻键之间的振动偶合而成，并与整个分子的骨架结构有关的吸收峰，各种振动的频率差别较小、数目较多、相互重叠偶合、谱图变化较多，大部分峰找不到准确的归属，当分子结构稍有不同时，该区的吸收就有细微的差异，并显示出分子特征。这种情况就像人的指纹一样，因此称为指纹区。指纹区对于指认结构类似的化合物很有帮助，而且可以作为化合物存在某种基团的旁证。

(1) 基团频率区可分为四个区域

1) 2 300～4 000 cm^{-1}为X—H的伸缩振动区，X可以是O、N、C或S等原子。O—H基的伸缩振动出现在3 200～3 650 cm^{-1}范围内，它可以作为判断有无醇类、酚类和有机酸类的重要依据。由于氢键的缔合作用，对峰的位置、形状、强度有很大的影响。处于气态、低浓度的非极性溶剂中的羟基和有空间位阻的羟基，是无缔合的游离羟基，其吸收峰在高波数(3 610～3 640 cm^{-1})，峰形尖锐。当试样浓度增加时，羟基化合物产生缔合现象，O—H基的伸缩振动吸收峰向低波数方向位移，峰形宽而钝。羟基形成分子内氢键时，吸收峰可降到3 200 cm^{-1}。胺和酰胺的N—H伸缩振动也出现在3 100～3 500 cm^{-1}，可能会对O—H伸缩振动有干扰。

C—H的伸缩振动可分为饱和与不饱和的两种。饱和的C—H伸缩振动出现在3 000 cm^{-1}以下，为2 800～3 000 cm^{-1}，取代基对它们影响很小。例如，RCH_3基的伸缩吸收出现在 2 960 cm^{-1}和 2 870 cm^{-1}附近；R_2CH_2基的吸收在 2 930 cm^{-1}和 2 850 cm^{-1}附近，R_3CH 基的吸收出现在 2 890 cm^{-1}附近，但强度很弱。不饱和的 C—H 伸缩振动出现在 3 000 cm^{-1}以上，以此来判别化合物中是否含有不饱和的 C—H 键。苯环的 C—H 键伸缩振动出现在 3 030 cm^{-1}附近，它的特征是强度饱和的 C—H 键稍弱，但谱带比较尖锐。不饱和的双键═C—H 的吸收出现在 3 010～3 040 cm^{-1}范围内，末端—CH_2的吸收出现在 3 085 cm^{-1}附近。三键≡CH 上的 C—H 的伸缩振动出现在更高的区域（3 300 cm^{-1}）附近。

2）2 000～2 300 cm^{-1}为三键和累积双键区。主要包括—C≡C、—C≡N 等三键的伸缩振动以及—C═C═C、—C═C═O 等累积双键的不对称性伸缩振动。除空气中的 CO_2在 2 365 cm^{-1}的吸收峰外，任何小峰都不可忽视。对于炔烃类化合物，可以分成 R—C≡CH 和 R′—C≡C—R 两种类型。R—C≡CH 的伸缩振动出现在 2 100～2 140 cm^{-1}附近；R′—C≡C—R 出现在 2 190～2 260 cm^{-1}附近；R—C≡C—R 分子是对称性的，为非红外活性。—C≡N 基的伸缩振动在非共轭的情况下出现在 2 240～2 260 cm^{-1}附近。当与不饱和或芳香核共轭时，该峰位移到 2 220～2 230 cm^{-1}附近。若分子中含有 C、H、N 原子，—C≡N 基吸收比较强而尖锐。若分子中含有 O 原子，且 O 原子离—C≡N 基越近，—C≡N 基的吸收越弱，甚至观察不到。

3）1 500～2 000 cm^{-1}为双键伸缩振动区，是提供分子的官能团特征峰的很重要区域。该区域主要包括三种伸缩振动：① C═O 伸缩振动，出现在 1 650～1 900 cm^{-1}，往往是红外光谱中最强的特征吸收峰，以此很容易判断酮类、醛类、酸类、酯类以及酸酐等有机化合物。酸酐的羰基吸收谱带由于振动偶合而呈现双峰；② C—C 伸缩振动，烯烃的 C—C 伸缩振动出现在 1 620～1 680 cm^{-1}，一般峰很弱。单核芳烃的 C═C 伸缩振动出现在 1 600 cm^{-1}和 1 500 cm^{-1}附近，有两个峰，这是芳环的骨架结构，用于确认有无芳核的存在；③ 苯的衍生物的泛频谱带，出现在 1 650～2 000 cm^{-1}，是 C—H 面外和 C═C 面内变形振动的泛频吸收，虽然强度很弱，但它们的吸收面貌在表征芳核取代类型上有一定的作用。

4）1 300～1 500 cm^{-1}主要提供 C—H 的变形振动信息。例如，—CH_3在 1 370 cm^{-1}和 1 450 cm^{-1}附近，—CH_2仅在 1 470 cm^{-1}附近。

（2）指纹区可分为两个区域

1）900～1 300 cm^{-1}，所有单键的伸缩振动频率、分子骨架振动频率都在这个区域。部分含氢基团的一些弯曲振动和 C═S、S═O、P═O 等双键的伸缩振动也在这个区域。其中约为 1 375 cm^{-1}的谱带为甲基的 C—H 对称弯曲振动，对识别甲基十分有用，C—O 的伸缩振动在 1 000～1 300 cm^{-1}，是该区域最强的峰，也较易识别。

2）400～900 cm^{-1}区域的某些吸收峰可用来确认双键取代程度和构型、苯环取代位置等。苯环因取代而在 650～900 cm^{-1}产生吸收。

2. 影响基团频率的因素

基团频率主要取决于基团中原子的质量和原子间的化学键力常数，那么由相同原子和化学键组成的基团在红外光谱中的吸收峰位置应该是固定的，然而由于在不同化合物中的相同基团受到的分子内和分子间的相互作用力的影响不同，其特征吸收并不总在一个固定频率上，而是根据分子结构和测量环境的影响呈现出特征吸收谱带频率的位移。例如，脂肪族的乙酰氧基（R—O—CO—CH_3）在 1 724 cm^{-1}，而芳香族的乙酰氧基（Ar—O—C—CH_3）在 1 770 cm^{-1}。同样都是乙酰氧基中的羰基振动，其频率竟相差近 50 cm^{-1}，显然是由基团的环境不同所引起的，因此了解影响基团频率的因素，对解析红外光谱和推断分子结构都十分有用。影响基团频率的因素可分为内部和外部两类。

（1）内部因素

1）质量效应：由本章前面基本振动频率的公式可看出，振动的基频与相对原子质量成反比，凡是由质量不同的原子构成的化学键，其振动波数是不同的。

2）电子效应：包括诱导效应、共轭效应和中介效应，它们都是由化学键的电子分布不均匀引起的。① 诱导效应（I 效应），由于取代基具有不同的电负性，通过静电诱导效应，引起分子中电子云密度的变化，改变了键的力常数，使键或基团的特征频率发生位移。一般电负性大的基团或原子吸电子能力较强，与烷基酮羰基上的碳原子数相连时，由于诱导效应就会发生电子云由氧原子转向双键的中间，增加了 C═O 键的力常数，使 C═O 的振动频率升高，吸收峰向高波数移动。随着取代原子电负性的增大或取代数目的增加，诱导效应越强，吸收峰向高波数移动的程度就越显著。诱导效应是沿化学键直接起作用的，它与分子的几何形状无关。如 R—CO—R′的 $\nu_{c=0}$ 在 1 715 cm^{-1}，R—CO—O—R′的 $\nu_{c=0}$ 在 1 735 cm^{-1}，而 R—CO—CI 的 $\nu_{c=0}$ 出现在 1 780 cm^{-1}。② 共轭效应（C 效应），共轭效应的存在使体系中的电子云密度平均化，双键略有伸长（即电子云密度降低），力常数减小，使其吸收频率向低波数方向移动。例如，R—CO—CH_2—的 $\nu_{c=0}$ 出现在 1 715 cm^{-1}，而—CH═CH—CO—CH_2—的 $\nu_{c=0}$ 出现在 1 665～1 685 cm^{-1}。③ 中介效应（M 效应），含有孤对电子的原子（O、S、N 等），能与相邻的不饱和基团共轭，为了与双键的 π 电子云共轭相区分，称其为中介效应。此种效应能使不饱和基团的振动波数降低，而自身连接的化学键振动波数升高。电负性弱的原子，孤电子对容易供出去，中介效应大，反之中介效应小。酰胺分子中的 C═O 因 N 原子的共轭作用，使 C═O 上的电子云更向 O 原子方向移动，C═O 双键的电子云密度平均化，造成 C═O 键的力常数下降，使吸收频率向低波数位移。N—H 键的键长缩短，伸缩振动波数反而升高。电子效应是一个很复杂的因素，同一基团或元素的诱导效应和中介效应不能截然分开，而它们的作用方向刚好相反，因此振动频率最后位移的方向和程度，取决于这两种效应的结果。当诱导效应大于中介效应时，振动频率向高波数移动，反之，振动频率向低波数移动。

3) 空间效应：① 空间障碍：指分子中的大基团在空间的位阻作用，迫使邻近基团间的键角变小或分子平面与双键不在同一平面，此时共轭效应下降，使基团的振动波数和峰形发生变化，红外峰移向高波数。② 环张力：环状烃类化合物与链状化合物相比，吸收频率增加。对环外双键及环上碳基来说，随着环原子的减少，环张力增加，其振动频率也相应增加，如环己酮的 $\nu_{c=0}$ 出现在 1 715 cm^{-1}，环戊酮的 $\nu_{c=0}$ 出现在 1 745 cm^{-1}，环丁酮的 $\nu_{c=0}$ 出现在 1 780 cm^{-1}，而环丙酮的 $\nu_{c=0}$ 则出现在 1 815 cm^{-1}。

4) 氢键效应：由于形成氢键之后，电子云密度平均化，基团的键力常数变小，因此有氢键的基团伸缩振动频率减少。形成氢键的 X—H 键的伸缩振动波数降低，吸收强度增加，峰变宽。分子内氢键的 X—H 的伸缩振动谱带的位置、强度和形状的改变均较分子间氢键小；分子内氢键不受溶液浓度影响，分子间氢键与溶液的浓度和溶剂的性质有关。例如，羧酸中的羰基和羟基之间容易形成氢键，使羰基的伸缩振动频率降低。游离羧酸的 $\nu_{c=0}$ 出现在 1 760 cm^{-1} 左右；在固体或液体中，由于羧酸形成二聚体，$\nu_{c=0}$ 出现在 1 700 cm^{-1}。

5) 振动偶合效应：当两个振动频率相同或相近的基团相邻，具有一个公共原子时，一个键的振动通过公共原子使另一个键的长度发生改变，产生一个“微扰”，形成共振，其结果是使振动频率发生变化，谱带裂分，一个向高频移动，另一个向低频移动，这种现象叫作振动偶合。当基团在光谱中表现出非正常吸收时，应考虑到两个频率之间的偶合作用。振动偶合常出现在一些双羰基化合物中，如酸酐（R—CO—O—CO—R′）中，两个羰基的振动偶合，使 C═O 吸收峰裂分成两个峰，波数分别为 1 820 cm^{-1}（v_{as}）和 1 760 cm^{-1}（v_{as}）。

6) 费米共振：当弱的倍频（或合频）峰位于某强的基频峰附近时，由于发生相互作用而产生很强的吸收峰或发生谱峰裂分。这种倍频（或合频）与基频之间的振动偶合现象称为费米共振。例如，正丁基乙烯醚（n—C_4H_9—O—CH—CH_2）分子中的双键与氧原子相连接，═CH 面外弯曲振动波数由 990 cm^{-1} 降至 810 cm^{-1}，它的倍频（1 620 cm^{-1}）刚好与双键基频（1 623 cm^{-1}）靠近，因此发生费米共振，从而出现 1 640 cm^{-1} 和 1 613 cm^{-1} 两个强吸收峰。

7) 样品物理状态的影响：同一物质在不同状态时，分子间相互作用力不同，所得光谱也往往不同。气态下测定红外光谱，分子间相互作用力很弱，可以提供游离分子的吸收峰的情况，而对于液态和固态样品，分子间作用力较强，在有极性基团存在时，可能发生分子间的缔合和氢键的产生，常常使峰位、强度或峰的形状发生改变。例如，丙酮为液态时 $\nu_{c=0}$ 在 1 718 cm^{-1}，气态时 $\nu_{c=0}$ 在 1 742 cm^{-1}。同一基团伸缩振动波数降低的顺序是气态—溶液—纯液体—结晶（固体），因为分子间距离随上述不同状态是依次缩短的，所以分子间的相互作用依次增强，而变形振动波数是依次升高的。

(2) 外部因素：外部因素大多是机械因素，如制备样品的方法、溶剂的性质、样品结晶条件、吸收池厚度、仪器光学系统以及测试温度等均能影响基团的吸收峰位置及强度，甚至峰的形状。含极性基团的样品在溶液中检测时，不仅与溶液的浓度和温度有关，而且与溶剂的极性大小有关。极性大的溶剂围绕在极性基团的周围，形成氢键缔合，使基团的伸缩振动波数降低。在非极性溶剂中，因是游离态为主，故振动波数稍高。极性基团的伸缩振动频率常常随溶剂极性的增加而降低，并且强度增大。例如，羧酸中C═O的伸缩振动在非极性溶剂、乙醚、乙醇和碱中的振动频率分别为1 760 cm^{-1}、1 735 cm^{-1}、1 720 cm^{-1}和1 610 cm^{-1}。因此，在红外光谱测定中，应尽量采用非极性的溶剂。

第二节　红外光谱仪的基本构成

红外吸收光谱仪目前主要有两类：色散型红外光谱仪和傅里叶变换红外光谱仪(FTIR)。

一、色散型红外光谱仪

1. 仪器的工作原理

色散型红外光谱仪一般均采用双光束。来自光源的光被分成两个强度相同的光束，一束通过试样，另一束通过参比，利用半圆扇形镜调制后进入单色器，然后被检测器检测。当试样光束与参比光束强度相等时，检测器不产生交流信号；当试样有吸收时，两光束的能量就不再相等，检测器中产生与光强差成正比的交流电信号，经放大和记录，从而获得红外吸收光谱图。色散型红外光谱仪工作原理如图7-4所示。

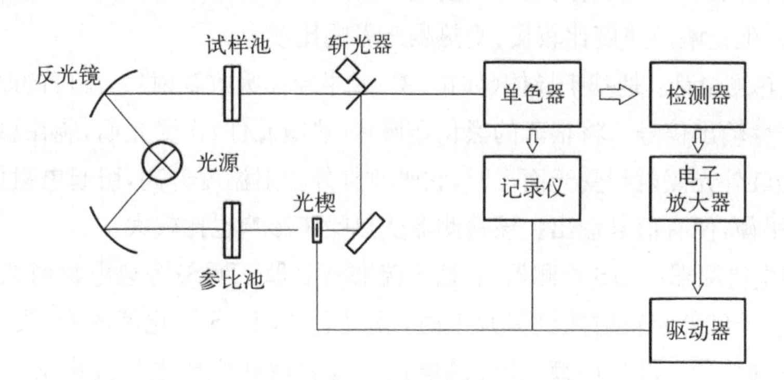

图7-4　色散型红外光谱仪工作原理示意图

2. 仪器的主要部件

色散型红外光谱仪的组成部件与紫外-可见分光光度计相似，包括红外光源、单色器、吸收池、检测器和记录仪等部分，但对于每一个部件的结构、所用的材料及性能，与紫外-可见分光光度计不同。它们的排列顺序也略有不同，红外光谱仪的样品是放在光源和单色器之间；而紫外-可见分光光度计是放在单色器之后。

(1) 光源：红外光谱仪中所用的光源通常是一种惰性固体，用电加热使之发射高强度的连续红外辐射。常用的是能斯特灯或硅碳棒。能斯特灯是用耐高温的氧化锆、氧化钇和氧化钍等稀土元素混合烧结而成的中空棒或实心棒，室温下是非导体，加热到 700℃以上时变为导体，工作温度为 1 700℃左右。对短波范围，辐射效率优于硅碳棒。它的优点是发射强度高，使用寿命长，稳定性较好，但价格较贵，机械强度差，操作不如硅碳棒方便。硅碳棒是由碳化硅经高温烧结而成的两端粗、中间细的实心棒，工作温度在 1 200～1 500℃。对长波范围，其辐射效率优于能斯特灯，优点是使用波长范围宽、发光面积大、操作方便、价格便宜。

(2) 单色器：由色散元件、准直镜和狭缝构成。单色器是色散型红外光谱仪的心脏，其作用是把进入狭缝的复合光色散为单色光，色散元件常用复制的闪耀光栅。由于闪耀光栅存在次级光谱的干扰，因此需要将光栅和用来分离次光谱的滤光器或前置棱镜结合起来使用。狭缝的宽度可控制单色光的纯度和强度。

(3) 吸收池：因玻璃、石英等材料不能透过红外光，红外吸收池要用可透过红外光的 NaCl、KBr、CsBr、CsI 等材料制成窗片。用 NaCl、KBr、CsBr 等材料制成的窗片需注意防潮。

(4) 检测器：将接收到的红外光信号转变成电信号的元件。常用的红外光检测器有真空热电偶、辐射热测量计、热释电检测器和碲镉汞检测器等。

1) 真空热电偶：是利用不同导体构成回路时的温差热电现象，将温差转变成电位势，由两根温差电位不同的金属丝焊接在一起，并将一接点安装在涂黑的接受面上，吸收了红外辐射的接受面及接点温度上升，就使它与另一接点之间产生了温差电动势，在回路中有电流通过，电流的大小随照射的红外光的强弱而变化。该检测器使用的波数范围广，寿命长，价格低廉，但是响应速度比较慢，受热噪声影响比较大。

2) 辐射热测量计：是基于导体(如铂、镍)或半导体吸收辐射后，温度的改变使其电阻改变，从而产生输出信号。将很薄的黑化金属片(热敏元件)作受光面，装在惠斯登电桥的一个臂上，当红外光照射到受光面上时，它吸收红外辐射温度升高，引起电阻值发生改变，使电桥失去平衡，便有信号输出。该检测器受热噪声影响也比较大。

3) 热释电检测器(TGS 检测器)：是用硫酸三苷肽(TGS)等热电材料的单晶薄片作为检测元件。当红外光辐射照到薄片上时，温度上升，TGS 极化度改变，表面电荷减少，相当于 TGS 释放了一部分电荷，释放的电荷经放大后转变成电压或电流的方式进行测量。由于它的响应极快，足以跟踪从干涉仪中出来的时间域信号的变化，能实现高速扫描，而且噪声影响小，因此适合在傅里叶变换红外光谱仪中使用。

4) 碲镉汞检测器(MCT 检测器)：是将由半导体碲化镉和半金属化合物碲化汞的混合物做成的半导体薄膜作为敏感元件的检测器。为了减少热噪声，必须用液氮冷却。MCT 检测器比 TGS 检测器有更高的灵敏性和更快的响应速度，适于傅里叶变换红外光谱仪和 GC - FTIR 联机检测。

(5) 记录仪：红外光谱仪一般都有记录仪自动记录谱图。现代的红外光谱仪都配有计算机系统来控制仪器自动操作、设置参数、检索谱图等。

二、傅里叶变换红外光谱仪

傅里叶变换红外光谱仪是20世纪70年代随着傅里叶变换技术引入红外光谱仪而问世的，傅里叶变换红外（FT－IR）光谱仪是基于光相干性原理而设计的干涉型红外光谱仪。它不同于依据光的折射和衍射而设计的色散型红外光谱仪。与棱镜和光栅的红外光谱仪比较，称为第三代红外光谱仪。但由于干涉仪不能得到人们业已习惯并熟知的光源的光谱图，而是光源的干涉图。为此可根据数学上的傅里叶变换函数的特性，利用电子计算机将其光源的干涉图转换成光源的光谱图，即将以光程差为函数的干涉图变换成以波长为函数的光谱图，故将这种干涉型红外光谱仪称为傅里叶变换红外光谱仪。它主要由光源（硅碳棒、高压汞灯）、干涉仪、检测器、计算机和记录系统组成，大多数傅里叶变换红外光谱仪使用了迈克尔森（Michelson）干涉仪。

1. 仪器的工作原理

FT－IR光源发出的红外辐射经干涉仪转变成干涉光，通过试样后得到含试样信息的干涉图，由电子计算机采集，并经过快速傅里叶变换，得到吸收强度或透光度随频率或波数变化的红外光谱图。

从光源发出的红外辐射光经准直镜后变为平行光，平行光进入干涉仪经光分束器分成两束光，分别到达固定平面反射镜（定镜）和移动反射镜（动镜），经原路返回后由于光程差产生干涉，干涉光被样品吸收后成为带有样品信息的干涉图到达检测器。在连续改变光程差的同时，记录吸收后中央干涉条纹的光强变化，即得到含有光谱信息的干涉图。这种信号难以进行光谱解析，将它经过模/数转换器（A/D）输入计算机，经计算机进行快速傅里叶变换，转变为随频率（波数）变化的普通红外光谱图。傅里叶变换红外光谱仪工作原理如图7－5所示。

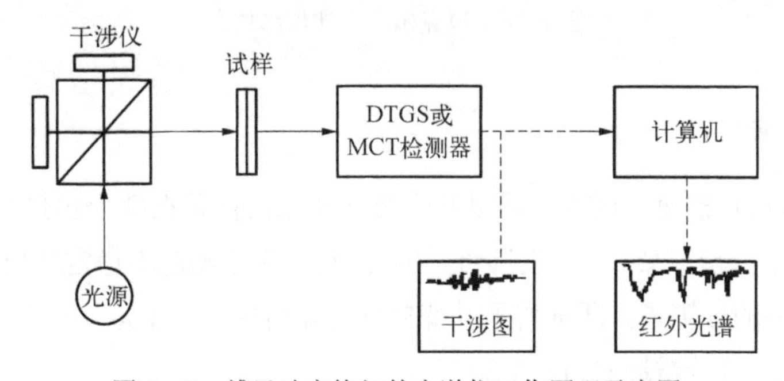

图7－5　傅里叶变换红外光谱仪工作原理示意图

2. 仪器的主要部件

傅里叶变换红外光谱仪没有色散元件，主要由红外光源、迈克尔森（Michelson）干涉仪、检测器、数据处理和记录装置等组成。它与色散型红外光谱仪的主要区别在于干涉仪和数据处理两部分。迈克尔森干涉仪是傅里叶变换红外光谱仪的心脏，迈克尔森干涉仪的结构如图 7-6 所示，它的作用是将光源发出的光经分束器分成两束，一束为透射光，另一束为反射光，分别经动镜和定镜反射后又会集到一起，再经过样品投射到检测器上。由于动镜的移动，使两束光产生了光程差，发生干涉现象，检测器上得到的是相干光。当两束光的光程差为 λ/2 的偶数倍时，则落在检测器上的相干光相互叠加，发生相长干涉，产生明线，其相干光强度有极大值；当两束光的光程差为 λ/2 的奇数倍时，则落在检测器上的相干光相互抵消，发生相消干涉，产生暗线，相干光强度有极小值。当动镜连续移动时，在检测器上记录的信号将呈余弦变化。由于多色光的干涉图等于所有各单色光干涉图的加合，故得到的是中心极大、并向两边迅速衰减的对称干涉图。例如，将有红外吸收的样品放在干涉仪的光路中，由于样品能吸收特征波数的能量，结果所得到的干涉图强度曲线就会相应地产生一些变化。将包含光源的全部频率和与该频率相对应的强度信息的干涉图，送往计算机进行傅里叶变换的数学处理，从而得到吸收强度或透过率和波数变化的普通光谱图。

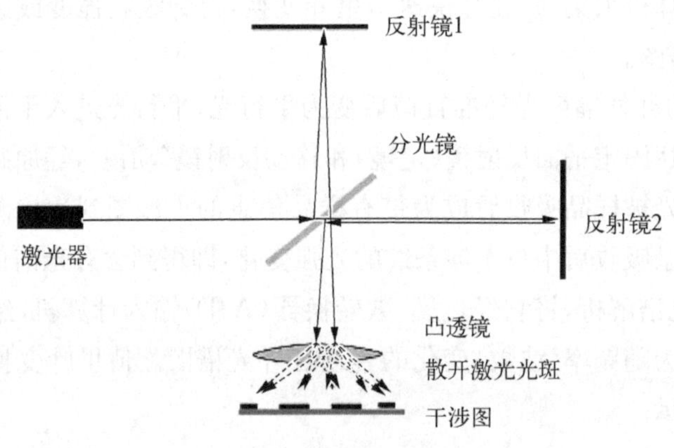

图 7-6　迈克尔森干涉仪结构图

3. 仪器主要特点

1）多路优点，扫描速度极快。傅里叶变换红外光谱仪是在整个扫描时间内同时测定所有频率的信息，一般只要 1 s 左右即可。因此，它可用于测定不稳定物质的红外光谱。

2）具有很高的分辨率。通常傅里叶变换红外光谱仪分辨率达 $0.1\sim0.005\ cm^{-1}$，而一般 t 栅型红外光谱仪分辨率只有 $0.2\ cm^{-1}$。

3）灵敏度高。因傅里叶变换红外光谱仪不用狭缝和单色器，反射镜面又大，故能量损失小，到达检测器的能量大，可检测 $\leqslant10^{-9}$ g 数量级的样品。

除此之外，还有测定的光谱范围宽、测定精度高、杂散光干扰小、样品不受因红外聚焦而产生的热效应的影响等优点。同时也是实现联用较理想的仪器，目前已有气相色谱-红外光谱、高效液相色谱-红外光谱、热重-红外光谱等联用的商品仪器。

第三节 试样处理与制备

在红外光谱法中，试样的制备及处理占有重要地位。要获得一张高质量红外光谱图，除了仪器本身的因素，还必须有合适的样品制备方法。

一、红外光谱法对试样的要求

红外光谱的试样可以是液体、固体或气体，一般应要求：① 试样应该是单一组分的纯物质，纯度应大于98%或符合商业规格，才便于与纯物质的标准光谱进行对照。多组分试样应在测定前尽量预先用分馏、萃取、重结晶或色谱法进行分离提纯，否则各组分光谱相互重叠，难于解析。② 试样中不应含有游离水。因为水本身有红外光吸收，会严重干扰样品谱，而且会侵蚀吸收池的盐窗。③ 试样的浓度和测试厚度应选择适当，以使光谱图中的大多数吸收峰的透光率处于10%～80%范围内。

二、制样的方法

1. 气体样品的制备

气体样品可在玻璃气槽内进行测定，它的两端粘有能透红外光的NaCl或KBr窗片。先将气槽抽真空，再将试样注入。各类气体池（常规气体池、小体积气体池、长光程气体池、加压气体池、高温气体池和低温气体池等）和真空系统是气体分析必需的附属装置和附件，气体在池内的总压、分压都应在真空系统中完成。光程长度、池内气体分压、总压力、温度都是影响谱带强度和形状的因素。通过调整池内气体样品浓度（如降低分压、注入惰性气体稀释）、气体池长度等可获得满意的谱带吸收。

2. 液体和溶液试样的制备

(1) 液体池法：采用的是封闭液体池，液层厚度一般为0.01～1 mm。液体池中两块盐片与间隔片和垫圈以及前后框是黏合在一起的，不能随意拆开清洗和盐片抛光，因此溶液法适合于沸点低、挥发性较大和充分除去水分的试样的定量分析。

(2) 液膜法：液体样品定性分析中应用较广的一种方法。滴加1～2滴样品于一片窗片的中央，再压上另一片窗片，依靠两窗片间的毛细作用保持住液层，即制成液膜，将它放在可拆式液体池架中固定即可测定。该方法适用于沸点较高、黏度较低、吸收能力很强的液体样品的定性分析。

3. 固体样品的制备

1) 压片法一般红外测定用的锭片为直径13 mm、厚度1 mm左右的小片。常采用

0.1%～0.5%的 KBr 片进行分析，即将 1～2 mg 试样在玛瑙研钵中磨细后与 200 mg 已干燥磨细的纯 KBr 粉末充分混合并研磨后置于模具中，用 1 MPa 左右的压力在压力机上压 1～2 min 即可得到透明或均匀半透明的锭片，可用于测定。压片法可用于固体粉末和结晶样品的分析，试样和 KBr 都应经干燥处理研磨到粒度小于 2 μm，以免受散射光影响。压片法的最大优点是如不考虑 KBr 吸湿的因素，红外谱图获得的所有吸收峰，应完全是待测样品的吸收峰，因而在固体样品制样中，KBr 压片法是优选的方法。但是该法所用分散剂极易吸湿，因而在 3 448 cm^{-1} 和 1 639 cm^{-1} 处难以避免有游离水的吸收峰出现，不宜用于鉴别羟基的存在；未知样品与分散剂的比例难以准确估计，因此常会因样品浓度不合适或透光率低等问题需要重新制片。

2）糊状法将干燥的样品放入玛瑙研钵中充分研细，然后滴几滴液体石蜡到玛瑙研钵中继续研磨，直到呈均匀的糊状，夹在盐片中测定。大多数能转变成固体粉末的样品都可采用糊状法测定。糊状法制样非常简便，应用也比较普遍。尤其是要鉴定羟基峰、胺基峰时，采用糊状法制样就是一种行之有效的好方法。但是用石蜡油作为糊剂不能用于样品中饱和 C—H 链的鉴定，因为石蜡的红外光谱将会干扰表面活性剂疏水基谱带，如果要测定—CH_3、—CH_2 基的吸收，可以用四氯化碳或六氯丁二烯等作为糊剂，这样把几种糊剂配合使用，相互补充，才能得到样品在中红外区完整的红外吸收光谱。糊状法不适合做定量分析。

3）薄膜法主要用于高分子化合物的测定。可将它们直接加热熔融后涂制或压制成膜。也可将试样溶解在低沸点的易挥发溶剂中，涂在盐片上，待溶剂挥发后成膜测定。薄膜的厚度为 10～30 μm，且厚薄均匀。固体样品制成薄膜进行测定可以避免基质或溶剂对样品光谱的干扰。

第四节　红外光谱图的分析

红外光谱中吸收峰的位置和强度取决于分子中各基团的振动形式和所处的化学环境。只要掌握了各种基团的振动频率及其位移规律，就可应用红外光谱来鉴定化合物中存在的基团及其在分子中的相对位置。对红外谱图进行解析就是根据实验所测绘的红外光谱图上出现的吸收谱带的位置、强度和形状，利用基团振动频率与分子结构之间的关系，分析并确定吸收谱带的归属，确认分子中所含的基团或键，推测分子结构。红外光谱的成功解析往往还需结合其他实验数据和测试手段，如相对分子质量、物理常数、紫外光谱、磁共振波谱及质谱等，当然也离不开光谱解析者自身的实践经验。

一、红外光谱解析的一般步骤

1. 收集样品的有关资料和数据

在进行光谱解析之前，应尽可能了解样品的来源、用途、制备方法、分离方法等，最好通过元素分析或其他化学方法确定样品的元素组成，推算出分子式；还应注意样品的纯度以及理化性质，如相对分子质量、沸点、熔点、折光率、旋光率等以及其他分析的数据，它们可作为光谱解释的旁证，有助于对样品结构信息的归属和辨认。当发现样品中有明显杂质存在时，应利用色谱、重结晶等方法纯化后再做红外分析。

2. 排除“假谱带”

获得清晰可靠的红外图谱后，首先辨认并排除谱图中不合理的吸收峰，排除可能的“假谱带”。例如，由于样品制备纯度不高存在的杂质峰，由仪器及操作条件等引起的一些“异峰”。

3. 计算不饱和度

若可以根据其他分析数据写出分子式，则应先算出分子的不饱和度 Ω。不饱和度表示有机分子中是否含有双键、三键、苯环，是链状分子还是环状分子等，即表示碳原子的不饱和程度，对决定分子结构非常有用。计算不饱和度的经验公式为

$$\Omega=1+n_4+(n_3-n_1)/2 \qquad \text{式(7-2)}$$

式中，n_4、n_3、n_1 分别为分子中所含的四价、三价和一价元素原子的数目。当 $\Omega=0$ 时，表示分子是饱和的，分子为链状烷烃或其不含双键的衍生物；当 $\Omega=1$ 时，分子可能有一个双键或脂环；当 $\Omega=2$ 时，可能有一个双键和脂环，也可能有一个三键或两个双键；当 $\Omega=4$ 时，可能有一个苯环（一个脂环和三个双键）等。

4. 图谱解析

确定分子中所含基团或键的类型，确定化合物的结构单元，推出可能的结构式。首先在特征区搜寻官能团的特征伸缩振动，特别注意红外光谱峰的位置、强度和峰形等特征要素。吸收峰的波数位置和强度都在一定范围时，才可推断某基团的存在。再根据指纹区的吸收情况，进一步确认该基团的存在以及与其他基团的结合方式。需要注意同一基团出现的几个吸收峰之间的相关性，即分子中的一个官能团在红外光谱中可能出现伸缩振动和多种弯曲振动，因而在红外谱图的不同区域内显示出几处相关的吸收峰。对于一些相对分子质量较大的同系物，指纹区的红外谱图可能非常相似或基本相同；某些制样条件也可能引起同一样品的指纹区吸收发生一些变化，所以不能仅仅依靠红外谱图对化合物的结构做出准确的结论，还需用其他谱学方法互相印证。

5. 化合物分子结构的验证

确定了化合物的可能结构后，应对照其相关化合物的标准红外光谱图（如萨特勒红外标准图谱集、Aldrich 红外谱图库、Sigma Fourier 红外光谱图库等）或由标准物质在相同条件下绘制的红外光谱图。由于使用的仪器性能和谱图的表示方式等的不同，特征吸收

谱带的强度和形状可能有些差异，但其相对强度的顺序是不变的，因此在进行验证时要允许合理性差异的存在。如果样品为新化合物，则需要结合紫外、质谱、核磁等数据，才能决定所推测的结构是否正确。

二、红外谱图解析实例

未知物分子式为 C_4H_5N，其红外谱图如图 7-7 所示，推断其结构。

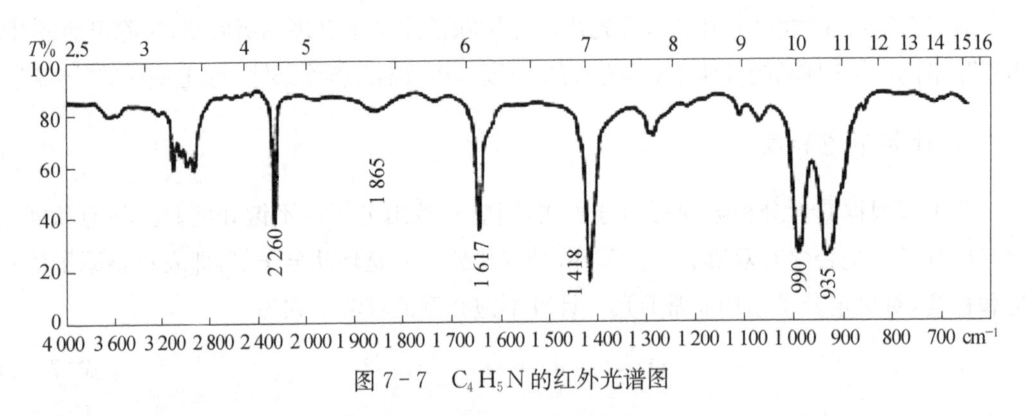

图 7-7 C_4H_5N 的红外光谱图

根据不饱和度进行分析，分子中可能存在一个双键和一个三键。由于分子中含 N，分子中可能存在—CN 基团。

由红外谱图看出：高频区 2 260 cm^{-1} 代表氰基的—C≡N 伸缩振动吸收；1 617 cm^{-1} 代表乙烯基的—C═C—伸缩振动吸收；1 418 cm^{-1} 代表亚甲基的 C—H 面弯曲振动，990 cm^{-1} 和 935 cm^{-1} 分别代表乙烯基的 C—H 面弯曲振动，C—H 面弯曲振动受到不饱和基团的影响，使振动吸收向低波数位移。结合不饱和度分析结果，可推测该化合物分子结构为 CH_2═CH—CH_2—CN。

第五节 红外光谱的应用

红外光谱不仅用于分子结构的基础研究，如确定分子的空间构型，求出化学键的力常数、键长和键角等；而且广泛地用于化合物的定性、定量分析和化学反应机理研究等。红外吸收谱带的波数位置、波峰的数目以及吸收谱带的强度反映了分子结构上的特点，可以用来鉴定未知物的结构组成或确定其化学基团；而吸收谱带的吸收强度与分子组成或化学基团的含量有关，可用以进行定量分析和纯度鉴定。

一、定性分析

红外光谱法广泛用于有机化合物的定性鉴定和结构分析。将试样的谱图与纯物质的标准谱图或者已知结构的化合物的谱图进行对照，根据前面介绍的方法，对试样的谱图做出正确的解析，鉴定化合物。如果两张谱图各吸收峰的位置和形状完全相同、峰的相对强度一样，就可以认为样品是该种化合物。如果两张谱图不一样，或峰位不一致，则说明两者不为同一化合物，或样品有杂质。如用计算机谱图检索，则采用相似度来判别。使用文献上的谱图应当注意试样的物态、结晶状态、溶剂、测定条件以及所用仪器类型是否与标准谱图相同，从而进行理性分析。

二、定量分析

由于红外光谱的谱带较多，选择的余地大，因此能方便地对单一组分和多组分进行定量分析。此外，该法不受样品状态的限制，能定量测定气体、液体和固体样品。但红外光谱法定量灵敏度较低。

红外光谱定量分析是通过对特征吸收谱带强度的测量来求出组分含量。其理论依据是朗伯-比尔定律。

$$A = \lg(1/T) = \lg(I_0/I) = \varepsilon bc \qquad \text{式(7-3)}$$

式中，A 是吸光度；T 是透光率；I_0是入射光强度；I 是透过光强度；ε 是摩尔吸光系数，即单位长度和单位浓度溶液中溶质的吸光度；b 是吸收池厚度，单位为 cm；c 是溶液浓度，单位为 mol/L^{-1}。透光率 T 和浓度 c 没有正比关系，当用了记录的光谱进行定量时，必须将 T 转换为吸光度 A 进行计算。

红外光谱图中吸收谱带很多，因此定量分析时，特征吸收谱带的选择尤为重要，除应考虑 ε 较大之外，还应注意以下几点：① 谱带的峰形应有较好的对称性；② 周围尽可能没有其他吸收谱带存在，以免干扰；③ 溶剂或介质在所选择特征谱带区域应无吸收或基本没有吸收；④ 所选溶剂不应在浓度变化时对所选择特征谱带的峰形产生影响；⑤ 特征谱带不应选在对二氧化碳、水蒸气有强吸收的区域。

三、定量分析方法

根据被测物质的情况和定量分析的要求可采用直接计算法、标准曲线法和内标法等。

1. 直接计算法

直接从谱图上读取吸光度 A 值或 T 值，再按朗伯-比尔定律算出组分浓度 c。这一方法的前提是应先测出样品厚度 L 及摩尔吸光系数 ε 值，分析精度不高时，可用文献报道 ε 值。这种方法适用于组分简单、特征吸收谱带不重叠，且浓度与吸光度呈线性关系的样品。

2. 标准曲线法

将标准样品配成一系列已知浓度的溶液，在同一吸收池内测出需要的谱带，计算的吸光度作为纵坐标，再以浓度为横坐标，绘出相应的标准曲线。在相同条件下测得试样的吸光度，从标准曲线上查得试样的浓度。这种方法适用于组分简单、样品厚度一定（一般在液体样品池中进行)、特征吸收谱带重叠较少的样品。

3. 内标法

内标法是吸光度比法的特殊情况,该方法是在测定单组分样品时,在未知试样中加入某一已知的标准物质作为内标,按吸光度比法进行测定和计算。常用的内标物有:$Pb(SCN)_2$,2 045 cm^{-1};$Fe(SCN)_2$,1 635 cm^{-1}、2 130 cm^{-1};KSCN,2 100 cm^{-1};NaN_3,640 cm^{-1}、2 120 cm^{-1};C_6Br_6,1 300 cm^{-1}、1 255 cm^{-1}。

思　考　题

1. 产生红外吸收的条件是什么?是否所有的分子振动都会产生红外吸收光谱?为什么?

2. 什么是基团频率?影响基团频率的因素有哪些?它有什么重要用途?

3. 红外光谱定性分析的基本依据是什么?简要叙述红外定性分析的过程。

4. 什么是指纹区?它有什么特点和用途?

5. 试预测 CH_3CH_2COOH 在红外光谱官能团区有哪些特征吸收?

6. 今欲测定某一微细粉末的红外光谱,应选用何种制样方法?为什么?

7. 指出下列化合物预期的红外吸收:

$$CH_3—CO—NH—CH_2CH_3$$

8. 下图是化学式为 C_8H_8O 的 IR 光谱,试由光谱判断其结构。

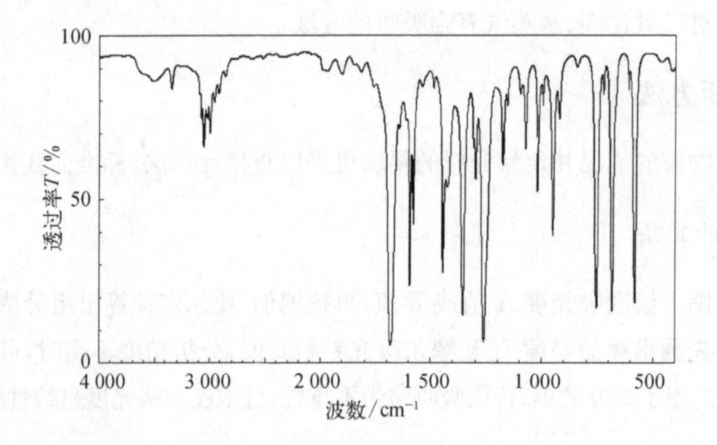

第八章　原子光谱法分析

根据与电磁辐射作用的物质是以气态原子还是以分子(或离子团)形式存在,可将光谱法分为原子光谱法和分子光谱法两类。原子光谱法是由原子外层电子能级的变化产生的,它的表现形式为线光谱。原子光谱法研究原子光谱线的波长及其强度,光谱线的波长是定性分析的基础;光谱的强度是定量分析的基础。属于这类分析方法的有原子发射光谱法(AES)、原子吸收光谱法(AAS)和原子荧光光谱法(AFS)等。原子吸收光谱分析是利用原子对辐射的吸收性质建立起来的分析方法,主要用于微量单元素的定量分析;原子发射光谱分析是利用原子对辐射的发射性质建立起来的分析方法,主要用于微量多元素的定量分析;原子荧光光谱分析是利用原子对辐射激发的再发射性质建立起来的分析方法,主要用于微量单元素的定量分析。本章主要介绍原子吸收光谱法和原子发射光谱法。

第一节　原子吸收光谱法基本原理

原子光谱,是由原子中的电子在能量变化时所发射或吸收的一系列波长的光所组成的光谱。

原子吸收光谱法(atomic absorption spectrometry, AAS)是基于被测元素产生的气态的基态原子对特定波长光的吸收作用来定量分析元素的方法。原子吸收光谱法属于原子光谱分析方法的范畴。原子吸收与分子吸收相比较,都属于吸收光谱,遵守比尔定律。不同点是吸光物质状态不同,分子吸收为溶液中的分子或离子,是宽带吸收,而原子吸收是气态的基态原子,为锐线吸收。原子吸收光谱法具有高灵敏度(火焰原子吸收法的检出限可达 $10^{-9}\sim10^{-6}$ g 数量级,石墨炉原子吸收法的检出限可达 $10^{-12}\sim10^{-9}$ g)、高准确度(可达 1%～3%)、高选择性、较广的测定范围(可测 70 多种元素)、快速分析和简便操作等独特的优点。所以原子吸收光谱法已经广泛应用于生物医药、环境保护、农业、食品、化工和地质等各个领域。原子吸收光谱法的局限之处是测定不同元素时,需要更换相应待测元素的空心阴极灯,所以不便于同时分析试样中的多种元素。

一、原子光谱的产生及共振线

当辐射光通过原子蒸气时,若入射光的频率等于原子中电子由基态跃迁到激发态的能量,就可被基态原子所吸收,外层电子由基态跃迁到相应的激发态,就产生了原子吸收光谱,如图 8-1 所示。

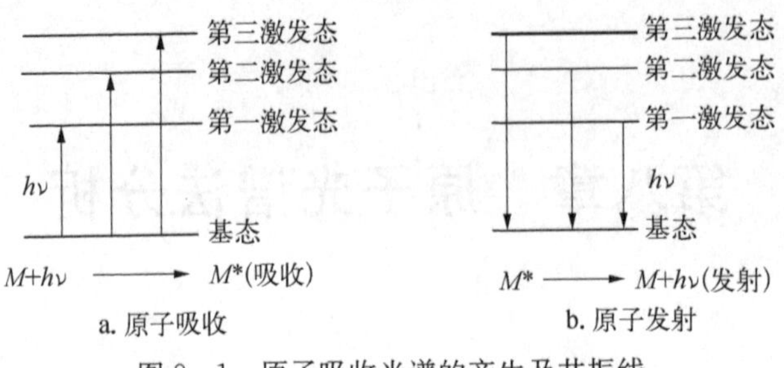

图 8-1 原子吸收光谱的产生及共振线

1. 共振线

原子核外电子从基态跃迁到第一激发态时所产生的吸收谱线称为共振吸收线。跃迁回到基态时,则发射出同样频率的光,称为共振发射线,共振发射线和共振吸收线的波长相同,简称为共振线。在基态与激发态之间的所有能级差中,基态与第一激发态之间的能级差最小,所以发生电子跃迁的概率最大,也最易产生第一共振吸收线。对大多数元素而言,第一共振吸收线是最灵敏的,原子吸收光谱中的共振吸收线常称为吸收线。由于原子能级是量子化的,因此,原子对辐射的吸收都是有选择性的。由于各元素的原子结构和外层电子的排布不同,元素从基态跃迁至第一激发态时吸收的能量不同,因而各元素的共振吸收线具有不同的特征。因此共振线是某个元素的特征谱线,也是元素所有谱线中最灵敏的谱线。原子吸收光谱的特征谱线位于光谱的紫外区和可见区。

2. 谱线轮廓与谱线变宽

原子吸收光谱属于线光谱,但是由于外界条件和本身的影响,原子吸收光谱的吸收线并不是绝对单色的几何线,而是具有一定的频率或波长范围,即有一定的宽度(或形状)。通常用谱线强度 I_ν 对频率 ν 作图得到谱线强度随频率变化的分布曲线,即谱线轮廓,图 8-2 是原子吸收线的谱线轮廓。原子吸收光谱的谱线轮廓通常以原子吸收谱线的中心频率 ν_0 和半

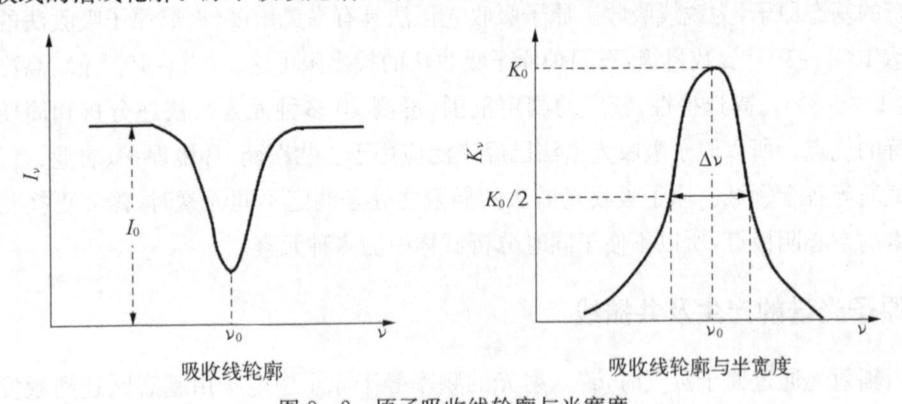

图 8-2 原子吸收线轮廓与半宽度

I_0、I_ν 分别是频率为 ν 的入射光和透过光的强度;
K_ν 为原子蒸汽对频率为 ν 的入射光的吸收系数

宽度 $\Delta\nu$ 来表征。中心波长由原子能级决定。半宽度是指在中心频率 ν_0 的地方，峰值吸收系数 K_0 一半处($K_0/2$)所对应的频率范围 $\Delta\nu$ 。谱线的半宽度会受到很多实验因素的影响。

影响原子吸收谱线轮廓的主要因素是多自然变宽、多普勒变宽和碰撞变宽。① 即使没有外界影响，原子吸收谱线仍有一定宽度，这种宽度称为自然变宽。自然宽度取决于激发态原子的平均寿命，平均寿命越长，自然宽度越窄；平均寿命越短，自然宽度越宽。② 原子吸收分析中，火焰和石墨炉原子吸收池产生的气态原子处于无序热运动中，相对于检测器，各发光原子有着不同的运动分量，即使每个原子发出的光是频率相同的单色光，但检测器所接受的光则是频率略有不同的光，于是引起谱线的变宽，这种由原子热运动引起的谱线变宽称为多普勒变宽。③ 当原子吸收区的原子浓度足够高时产生，原子之间相互碰撞导致激发态原子平均寿命缩短，引起谱线变宽。

二、原子光谱分析法的定量依据

原子中的外层电子选择性地吸收其同种元素所发射的特征谱线，使入射光减弱。特征谱线因吸收而减弱的程度称吸光度 A，在线性范围内与被测元素的含量成正比，遵循朗伯-比尔定律：

$$A = \lg \frac{I_0}{I} = KLc \qquad \text{式(8-1)}$$

式中，K 为吸光系数；c 为火焰中被测元素的基态原子数，与试样中元素浓度成正比；L 为光程，光经过原子蒸气的距离。式(8-1)就是原子吸收光谱法进行定量分析的理论基础。

第二节　原子吸收光谱仪的结构组成

测量原子吸收光谱的仪器叫作原子吸收光谱仪。原子吸收光谱仪的主要组成部分包括光源、原子化系统、分光系统、检测和显示系统。图 8-3 是原子吸收分光光度计流程图。

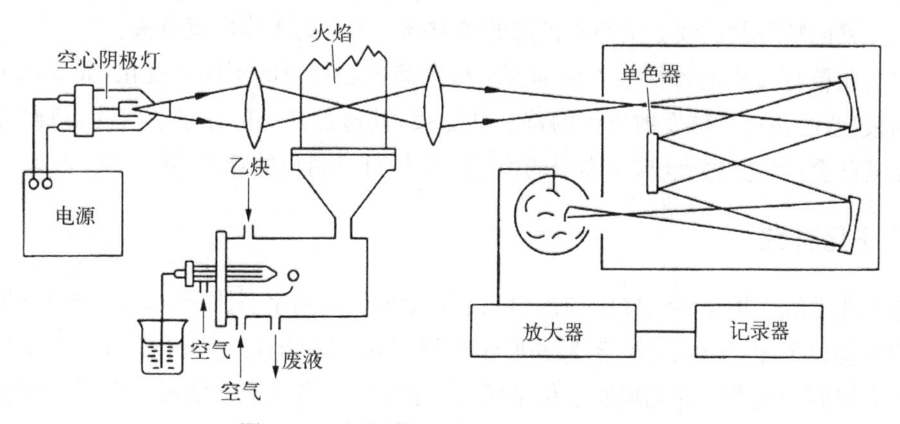

图 8-3　火焰原子吸收分光光度计流程图

一、光源

光源是用来发射待测元素的特征共振辐射的发光元件。光源应满足的基本要求如下：锐线光源，发射的共振辐射的半宽度要明显比吸收线的半宽度小；具有很大的辐射强度和较低的背景（低于共振辐射强度的1%），以保证足够的信噪比，便于提高灵敏度；稳定的辐射光源；较长的使用寿命。空心阴极灯、蒸气放电灯、高频无极放电灯都能满足这些要求，本书以应用最普遍的空心阴极灯为例，介绍其结构、工作原理和发射光谱等。

空心阴极灯的结构如图8-4所示，用高纯待测金属元素作阴极材料并做成空心圆筒形，阳极为金属镍、钨或钛等材料，阳极和阴极密封在具有光学窗口的硬质玻璃管内。管内充有发生溅射，并激发原子发射出特征锐线辐射光谱。

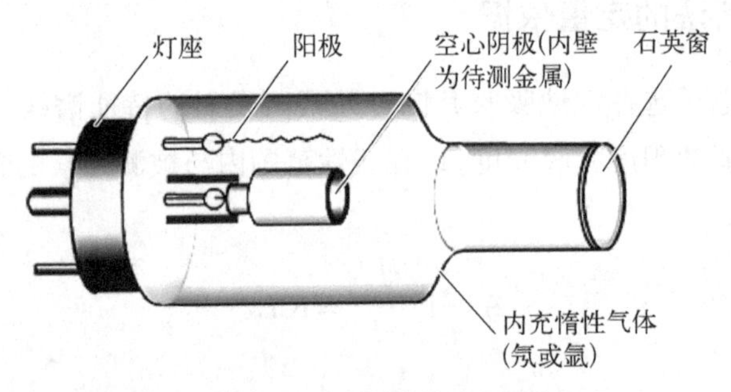

图8-4　空心阴极灯的结构

在空心阴极灯的两极施加300～450 V的直流电压或脉冲电压时就会产生辉光放电，在电场作用下，阴极发射的电子高速向阳极运动，途中碰撞惰性载气并将其电离，第二次放出电子和载气正离子，电子和载气正离子间的相互碰撞增加了两者的数目，维持了产生的电流。电场中加速的正离子获得足够的动能，撞击阴极表面后，待测元素的原子就会克服晶格能而溅射出来。除溅射外，阴极受热也会蒸发出表面的待测元素原子。溅射和蒸发出的待测原子聚集在空心阴极灯内，再与受热的电子、离子或原子碰撞而被激发，发射出相应元素的特征共振线。空心阴极灯的辐射强度与灯的工作电流有关。

空心阴极灯发出的特征吸收线随着阴极圆筒内层材料的不同而变化，如果用金属镉作为阴极，空心阴极灯就发射出镉的特征共振线，其透过样品的原子蒸气时，待测样品中的镉元素就会产生共振吸收，从而减弱由空心阴极灯发射出的特征谱线。

二、原子化系统

原子化系统作用是将试样中的待测元素转变成气态的基态原子（原子蒸气）。原子化系统用来提供能量，干燥试样、蒸发并原子化待测元素，从而产生原子蒸气。原子化系统可分为火焰原子化系统和无焰原子化系统（或称为非火焰原子化系统），无焰原子化系统包括石墨炉原子化系统和低温原子化系统。

1. 火焰原子化器

火焰原子化器由乙炔-空气、氧化亚氮-乙炔等化学火焰提供能量来原子化待测元素。火焰原子化装置主要包括雾化器和燃烧器。

雾化器作用是将试样溶液分散为极微细的雾滴,形成直径约 10 μm 的雾滴的气溶胶(使试液雾化),如图 8-5 所示。气化的基态原子随着气溶胶微粒直径的减小而增多,即原子化效率提高。

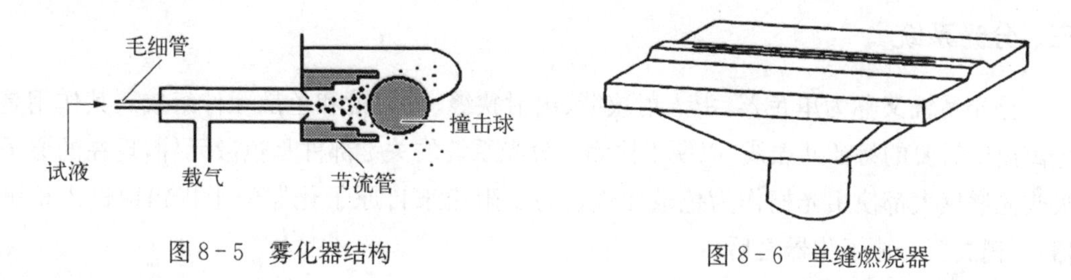

图 8-5 雾化器结构

图 8-6 单缝燃烧器

燃烧器用来产生火焰、蒸发和原子化进入火焰的气溶胶。燃烧器多用不锈钢做成,有单缝和双缝两种,常用的是单缝燃烧器,如图 8-6 所示。燃烧器一般要求具有火焰稳定、原子化效率高、吸收光程长、噪声小和背景低等条件。为了能测量合适的火焰部位,有时需要调整燃烧器的角度和高度。

2. 石墨炉原子化器

石墨炉原子化器采用电加热、程序升温的方式原子化试样。石墨炉原子化分析过程包括干燥、灰化、原子化和高温除残四个阶段。干燥可以除去溶剂,灰化是为了尽量除去易挥发的基体和有机物,原子化是解离试样为中性原子,除残是测完一个样品后通过升温除去石墨管中的残留物。待测试样原子化过程中使用氩气等惰性气体封闭保护石墨炉系统,石墨炉炉体四周通有冷却水,以保护炉体,如图 8-7 所示。

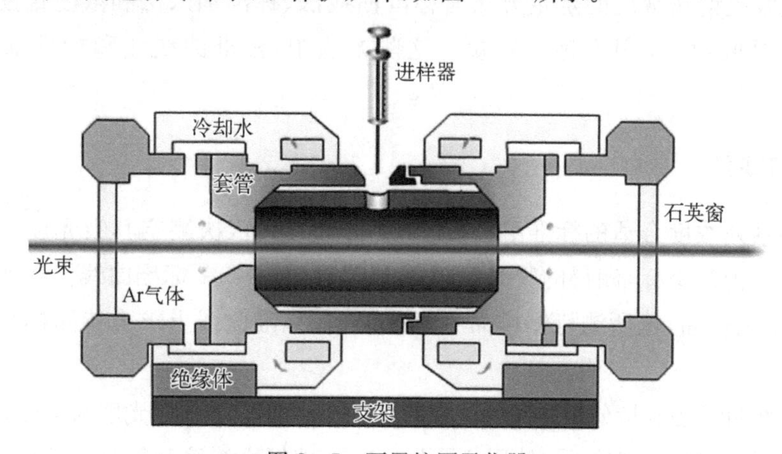

图 8-7 石墨炉原子化器

与火焰原子化法相比，石墨炉分析法具有没有火焰、检出限低和耗氧量少的优点。石墨炉中高温的碳蒸气还原环境能显著提高原子化效率，同时延长蒸气原子在石墨管中的停留时间，所以石墨炉法具有较高的分析灵敏度。生物材料、悬浮液体样品、乳状样品和有机样品等可以用石墨炉法直接分析，在灰化阶段直接处理试样，避免了消解过程中的沾污和损耗。但是程序升温造成的石墨管温度不均匀，会降低测量精度、严重的基体干扰和易于变动校准曲线。采用石墨炉平台技术和横向加热技术，在一定程度上可以消除石墨炉的温度不均匀和基体干扰等问题。

三、分光系统

分光系统又称为单色器，由入射狭缝、出射狭缝、反射镜和色散元件组成。其作用是分离出所需要的特征共振线，以便于检测。分光系统的关键部件是色散元件，现在的原子吸收光谱仪大都使用光栅作为色散元件。为了阻止来自原子化器的干扰辐射进入检测器，光栅放置在原子化器之后。

四、检测和显示系统

检测系统包括检测器、放大器、读数和记录系统。原子吸收光谱仪一般使用光电倍增管作为光电转换元件，将经过原子蒸气吸收和单色器分光后的微弱光信号转换为电信号，并有不同的放大功能。交流放大器的使用既可以提高灵敏度，消除待测元素火焰的发射干扰，也可以放大电信号。电信号经过数据处理系统处理后直接以数据、校正曲线和分析结果等形式输出。如今原子吸收光谱仪采用功能强大的计算机处理数据，大大方便了操作。

第三节　原子吸收光谱法定量分析方法

原子吸收光谱法常用的定量方法有标准曲线法、标准加入法和浓度直读法等。如多通道原子吸收，可以用内标法定量。这些方法中，标准曲线法和标准加入法最为常用。

一、标准曲线法

配制一系列浓度合适的标准溶液，按浓度由低到高依次测定其吸光度 A。以待测元素的浓度 c 为横坐标，测得的吸光度 A 为纵坐标，作 $c-A$ 标准曲线。在实验条件相同时，测试待测样品，依所测待测样品吸光度值，在标准曲线上求出待测样品中元素的浓度。

使用标准曲线法定量分析样品的注意事项如下：① 应当在吸光度与浓度呈线性关系的范围内配制系列标准溶液；② 使用相同的试剂处理标准溶液和待测样品溶液；③ 应扣

除参比的吸光度值；④ 保持一致的实验操作条件；⑤ 因为雾化效率和火焰状态的不稳定性，使得标准曲线的斜率也会相应变化，所以每次测定前都应当用标准溶液检查、矫正吸光度和斜率。标准曲线法操作简便、可以快速测定待测样品，但是仅仅适用于分析共存组分互不干扰、同一类的大批样品。

二、标准加入法

在实际样品分析时，一般不知道待测样品的组成成分，这就很难配制与待测样品条件相同的标准溶液，就不能采用标准曲线法来分析。如果待测样品的量比较大，可以采用标准加入法。

取几份浓度相同的待测样品溶液，分别加入不同量待测元素的标准溶液，其中一份不加入待测元素的标准溶液，最后稀释到相同体积，则加入的标准溶液浓度分别为 0、C_0、$2C_0$、$3C_0$、$4C_0$…分别测定其吸光度值 A_X、A_1、A_2、A_3、A_4…以加入标准溶液的浓度与吸光度值作标准曲线，再将该曲线外推至与浓度轴相交。交点至坐标原点的距离 C_X 即为待测元素稀释后的浓度。这种方法又称为外推作图法，如图 8-8 所示。

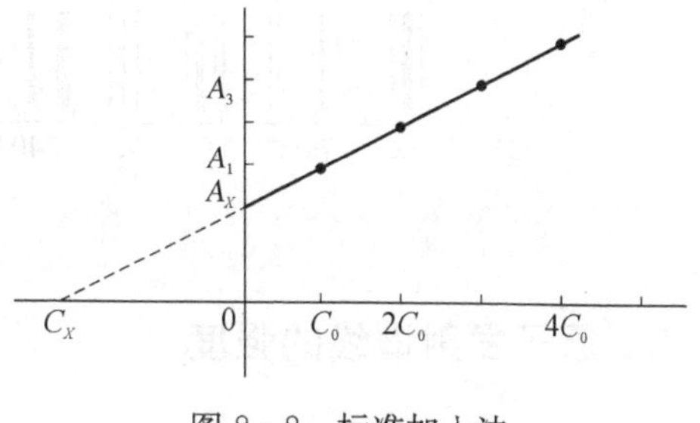

图 8-8　标准加入法

使用标准加入法定量分析未知浓度样品的注意事项如下：① 待测样品的浓度及其吸光度成正比关系；② 应当扣除标准加入法的试剂空白，不能用标准曲线法的试剂空白值代替；③ 标准加入法可以消除基体效应的干扰，但是不能消除背景干扰；④ 为了得到待测样品的精确浓度，至少采用包括样品溶液在内的 4 个点作外推曲线，且加入的第一个标准溶液的吸光度约为待测样品原吸光度值的一半，即第一份加入的标准溶液浓度为待测样品浓度的一半（通过待测样品溶液和标准溶液的吸光度尝试检测来判断）；⑤ 对于斜率太小的曲线，容易引起较大误差。当试样基体影响较大，且又没有纯净的基体空白，或测定纯物质中极微量的元素时采用该方法。

第四节　原子发射光谱法

原子发射光谱法是利用元素的原子在外部能量（电能或热能）激发下，利用激发态至基态的电子跃迁所产生的特征辐射线来定性或定量分析元素的一种分析方法。随着科学技术的不断发展，发现原子发射光谱法中不仅选用原子发射的特征谱线而且更多地采用离子发射出的特征谱线来分析待测元素，所以原子发射光谱法又称为光学发射光谱法（optical emission spectrometry，OES），但是大家还是习惯称作原子发射光谱法（AES）。

一、原子发射光谱的产生

一般而言，原子处于基态，原子核外的电子在各自能量最低的轨道上运动。如果提供的一定外界光能量 E 正好等于该基态原子中基态和某一激发态之间的能级差 ΔE，该基态原子将吸收具有此特征波长的光，外层电子由基态跃迁到相应的激发态，这个过程叫作激发。在激发态能级的原子处于不稳定状态，在极短时间内（10^{-8} s）外层电子会跃迁至低能级的激发态或基态而释放出多余的能量，释放的能量以一定波长的电磁辐射，形成原子发射谱线。由于每一种元素都有其特有的电子构型，即特定的能级层次，因此各元素的原子只能发射出它特有的那些波长的光，经分光系统得到各元素发射的互不相同的光谱，即各种元素的特征光谱（线状光谱），以铁的特征发射光谱为例，如图 8-9 所示。

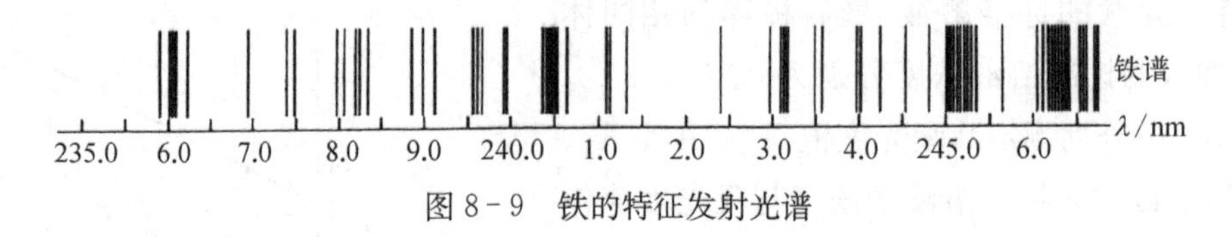

图 8-9　铁的特征发射光谱

二、原子发射谱线的强度

谱线的强度是发射光谱定量分析的依据。光谱定量基本关系式：

$$I = Ac^{b} \qquad \text{式(8-2)}$$

式中，I 为光谱线的强度；A、b 分别是发射系数和自吸系数，发射系数 A 与样品组成、试样蒸发和激发等有关；c 指元素含量。

激发光源的性质决定激发温度的高低，激发温度越高，谱线强度越大，但是过高的激发温度又会电离原子而减少原子数，从而减弱原子谱线的强度，增大离子的谱线强度，即每条发射谱都有一个最适温度。

三、谱线的自吸与自蚀

等离子体是指含有分子、原子、离子和电子等各种粒子，且能导电的净电荷为零的气体混合物，即整个气体状态呈电中性。原子发射光谱法中，电弧和高压电火花产生的发光蒸气粒子团也属于等离子体。激发光源中的等离子体具有一定的体积，温度和原子浓度随着等离子体部位的不同而不同，等离子体中间部位温度高，激发态原子多；边缘等离子体部位温度低，基态原子和较低能级的原子较多。激发态的元素原子在等离子体中心部位发射某一特征辐射线分特征辐射线，从而减弱了检测器接收到的谱线强度。这种高能级原子在高温发射某一波长的特征辐射，被边缘低能级状态的同种原子所部分吸收的现象叫做自吸。自吸现象对等离子体中心部分的谱线强度影响较大。当待测元素含量小时，谱线自吸收可以忽略不计，此时式(8-2)中的自吸系数 b 为 1；当元素含量较大时，自吸收较大，$b < 1$。当达到一定含量时，因为严重的自吸现象，谱线中心的特征辐射几乎被完全吸收，使谱线边缘的强度比中心部分偏高，好像形成了两条谱线，这种现象称为自蚀。谱线自吸与自蚀轮廓如图8-10所示，自吸和自蚀现象对谱线强度的影响很大，所以在定量分析元素时是不可忽略的因素。

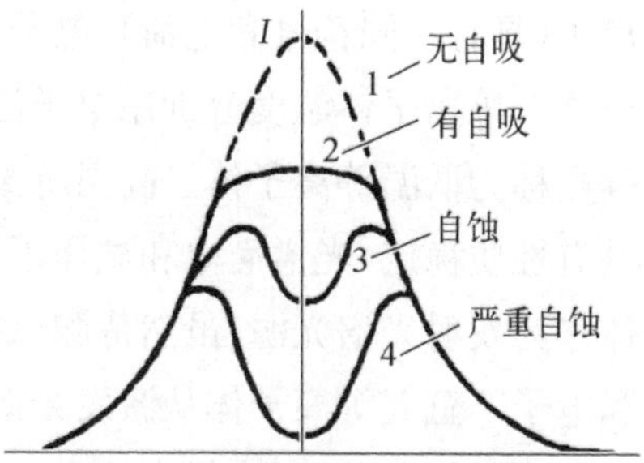

图8-10　谱线自吸与自蚀轮廓

四、原子发射光谱仪

测量原子发射光谱的光谱仪叫作原子发射光谱仪。原子发射光谱仪的主要组成部分包括光源、分光系统和检测系统(图8-11)，用来完成原子发射光谱法的分光和检测两大步骤。

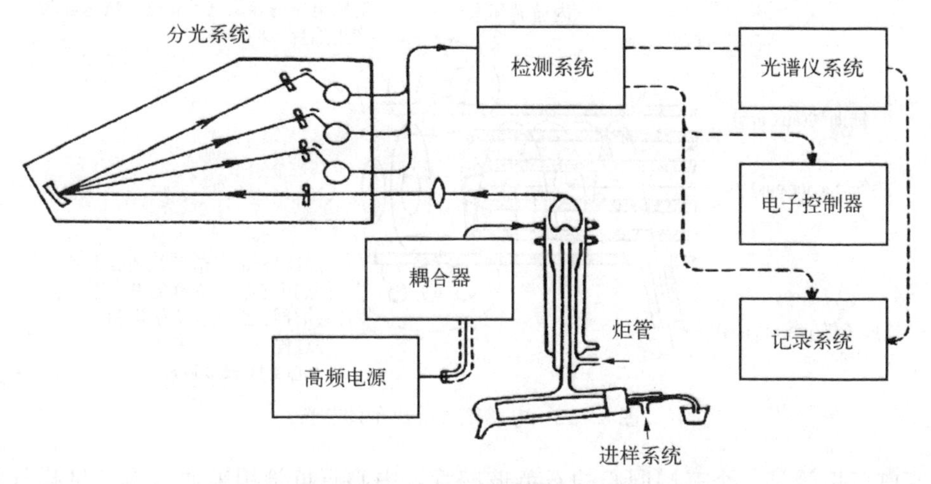

图8-11　电感耦合等离子体原子发射光谱仪示意图

1. 激发光源-电感耦合等离子体

光源的主要作用是提供蒸发和激发试样所需要的能量，使之产生特征辐射光谱。只有激发光源提供足够的能量，并具有较好的稳定性和重现性才能使光谱检测系统有较高的灵敏度、准确度和检出限，所以应当了解激发光源的种类、特点和应用范围。原子发射光谱法中常用的光源包括经典光源和现代光源，经典光源包括火焰光源、辉光放电光源、电弧光源(低压直流电弧和低压交流电弧)和高压电火花光源；现代光源包括激光光源和等离子体光源。因为火焰光源和辉光放电光源的蒸发温度和激发温度较低，现在已经很少使用。原子发射光谱法目前常用的激发光源为电感耦合等离子体(inductively coupled plasma，ICP)。

等离子体由离子、电子以及未电离的中性粒子的集合组成，整体呈中性的物质状态。等离子体是物质的第四态，即电离了的“气体”，它呈现出高度激发的不稳定态，其中包括离子(具有不同符号和电荷)、电子、原子和分子。等离子体可分为两种：高温和低温等离子体。等离子体温度分别用电子温度和离子温度表示，两者相等称为高温等离子体；不相等则称为低温等离子体。高温等离子体只有在温度足够高时发生。惰性单原子气体 Ar 具有性质稳定、光谱简单和试样不会形成难解离化合物的特点，所以通常采用氩气等离子体作为发射光谱光源，虽然待测试样也会产生少量的阳离子，但是导电物质主要是氩离子和电子。氩气等离子体从激发光源吸收足够的能量用来保持等离子体的电导温度并使之进一步离子化，温度一般高达 10 000 K。

ICP 装置如图 8-12 所示，由雾化器、等离子炬管和高频发生器等三部分组成。雾化器现在通常使用的是蠕动泵-液体雾化进样系统。通过蠕动泵经进样管将待测样品溶液压入雾化室，雾化器上进样管下方的高纯 Ar 气把试样雾化并载入等离子炬管。

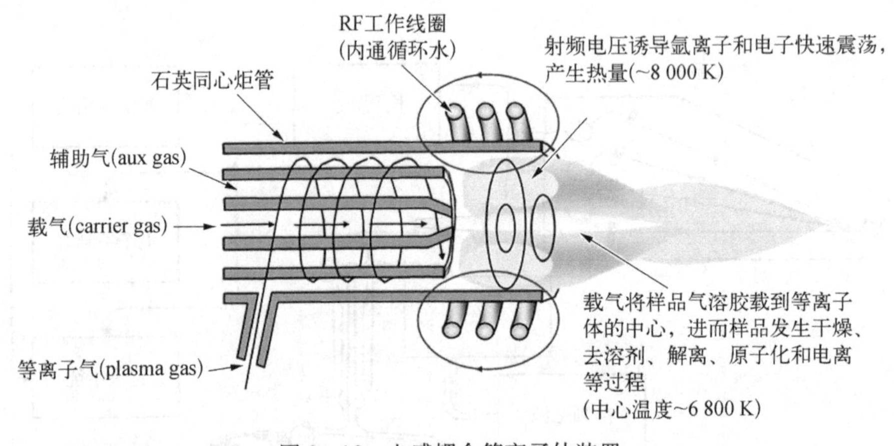

图 8-12　电感耦合等离子体装置

等离子炬管是一个三层同心的石英玻璃管。中心石英管用来通入携有试样气溶胶的 Ar 载气，并引入等离子体。中间石英管一般通入 1 L/min 的 Ar 辅助气流，不仅有助于形成等离子体，还能升高等离子体焰，减少碳粒沉积，进而保护进样管。经过外层石英管切线方向通入流量为 10～16 L/min 的 Ar 气为等离子体流，用来维持 ICP 的正常工作，又能隔离等离子体和石英管壁或石英帽，起到冷却的作用，以防高温熔融石英管。等离子体焰分为发射区、辐射区和尾焰区三个区域。发射区位于感应线圈内高频电流形成的涡流区内，温度高达 10 000 K，具有很高的电子密度。发射区能够连续发射较强的光谱，所以不能在这个区分析光谱，是用来预热、蒸发试样气溶胶的区域。辐射区具有半透明淡蓝色的焰炬，温度在 7 000 K 左右，蒸发的试样用时 0.2 ms 通过辐射区，经过离子化蒸发试样、激发和电离过程，然后辐射出较强的特征光谱线，辐射区具有较低的光谱背景，可以获得分析元素的最佳信噪比，是观测、分析光谱的最佳区域，该区又为标准分析区。尾焰区在等离子体焰的上部，无色透明，温度低于 6 000 K，只可以激发能级低的试样。

高频发生器用来产生 25～45 MHz 的高频磁场，以提供维持等离子体的能量，其最大输出功率为 2.5～4.5 kW，上下浮动小于 1.5%。高频发生器的基本工作原理：当接通高频电源和等离子体炬管外围绕的高频感应线圈时，刚开始因为常温气体不导电，所以不会产生感应电流，也不会出现等离子体。如果用高频点火装置引燃通过中间管和外管的辅助气与冷却气 Ar，触发载气 Ar 产生离子和电子组成的粒子流。当足够多的粒子流在磁场方向的垂直截面上形成闭合环形路径的涡流时，在感应线圈内就会形成类似于变压器的次级线圈，其和相当于初级线圈的感应线圈发生耦合，几百安的高频感应电流能够提供进一步加热、电离载气 Ar 的能量，从而在等离子炬管的管口形成一个形似火炬的稳定等离子体炬。ICP 激发光源适合分析气体、液体、粉状或块状的固体样品。通常采用液体进样，经过进样系统（雾化室）生成的气溶胶试样由载气带入中心石英管上端的等离子体焰中部，形成一个中央通道，在其中蒸发、原子化和激发试样。

2. 分光系统

分光系统是用来接收待测试样被激发光源激发所发射出的各种特征辐射光谱，然后经色散元件分光后得到按波长依次排列的光谱图。所以分光系统一般包括能够获得清晰、均匀、强度大和背景低的照明系统；能把通过入射狭缝的光转变为平行光，并且色差少和光能损失少，由入射狭缝、发射镜和凹面镜组成准光系统；由棱镜或光栅为主要元件，用来分解不同波长光谱的色散系统。在 ICP 原子发射光谱仪的分光系统中主要采用光栅作为色散元件。

3. 检测系统

按照光谱检测记录方式，原子发射光谱法可分摄谱法、光电法和质谱法。

摄谱法是一种用感光片（照相乳剂）记录下光谱、再与标准图谱比较的方法，设备费用不高，具有较强的适用性，但是感光片化学处理程序烦琐、费时。

光电法是利用光电效应将不同波长的光辐射能转化成光电流信号。ICP 光源能满足光电直读光谱仪对光源的苛刻要求（分析线的强度高、稳定的放电性、较小的自吸效应和背景干扰），所以 ICP-光电直读原子发射光谱仪的应用范围广。光电转换元件是光电直读光谱仪接收特征光谱的主要部件，按光电转换元件材料的不同，检测系统可分为光电倍增管和半导体检测系统。现在半导体光电成像元件比较成熟的有电荷耦合器件（charge-coupled device，CCD）、电荷注入器件（charge injected device，CID）等，具有多谱线同时检测能力。

质谱法是通过对样品离子的质荷比分析而实现对样品进行定量定性分析的一种方法。质谱法用于电感耦合等离子体为激发光源的检测器，称为电感耦合等离子体质谱法（ICP-MS）。它是将被测物质用 ICP 离子化后，按照离子的质荷比分离，测量各种离子峰的强度的定性定量方法。将 ICP 的高温电离特性与质谱仪的灵敏快速扫描的优点相结合，形成一种新型的元素和同位素分析技术。

现在仪器内部都装有光谱微型处理器，实现了控制、译谱和分析的自动化。在计算机上选择分析元素、编制分析方法、选择处理方法和标准曲线等的各种参数，就可以在计算机控制下自动进样、计算数据和校正分析结果，最后通过打印机打印出测试报告。

五、原子发射光谱法的定性定量方法

1. 定性分析

用足够的能量使原子受激发而发光时，根据某元素的特征谱线是否出现，即可确定试样中是否存在该种原子。

(1) 纯样光谱比较法：将待测元素的纯物质与样品在相同条件下同时并列摄谱于同一感光板上，然后在映谱仪上进行光谱比较，如果样品光谱中出现与纯物质光谱相同波长的谱线，则表明样品中有与纯物质相同的元素存在。

(2) 铁光谱比较法：是以铁的光谱线作为波长的标尺，将各个元素的最后线按波长位置标插在铁光谱相关的位置上，制成元素标准光谱图。在定性分析时，将待测样品和纯铁同时并列摄谱于同一感光板上，然后在映谱仪上用元素标准光谱图与样品的光谱对照检查。如待测元素的谱线与标准光谱图中标明的某元素谱线重合，则可认为可能存在该元素。标准光谱图比较法可同时进行多元素定性鉴定。

2. 定量分析

试样中待测原子数目越多(浓度越高)，则被激发的该种原子的数目也就越多，相应发射的特征谱线的强度也就越大，将它和已知含量的标样的谱线强度进行比较，即可确定试样中该种元素的含量。

根据试样光谱中的待测元素的谱线强度 I 来确定元素浓度 c。光谱定量分析的依据为 Schiebe - Lomarkin 经验式：

$$I = a \cdot c^b$$

$$\lg I = b\lg c + \lg a \qquad \text{式(8-3)}$$

在一定浓度范围内，$\lg I$ 与 $\lg c$ 之间呈线性关系。由于 b 和 a 与试样中待测元素的含量及实验条件有关，若直接进行定量分析，则要求 a、b 为常数，即要求实验条件恒定不变，并无自吸现象。因此，原子发射光谱法可采用内标法来消除实验条件对测定结果的影响。

内标法是在待测元素的谱线中选择一条谱线作为分析线，然后在基体元素(试样中除了待测元素之外的其他共存元素)中或在加入固定量的其他元素的谱线中选一条作为内标线，两条谱线构成定量分析线对。两者的绝对谱线强度比值称为分析线相对强度 R。设待测元素的含量为 c_1，对应分析线强度为 I_1，内标元素的含量为 c_2，对应的内标线强度

为 I_2，则有

$$R=\frac{I_1}{I_2}=\frac{a_1c_1^{b_1}}{a_2c_2^{b_2}}=Kc^b$$

$$\lg R=\lg\frac{I_1}{I_2}=b\lg c+\lg K \qquad \text{式(8-4)}$$

因此，内标法就是利用分析线对应的相对强度测得值来定量分析待测元素的方法。尽管激发光源的波动等不稳定因素对分析线的绝对强度有较大的影响，但对分析线和内标线的影响是一致的，所以对相对强度影响不大。采用内标法可以消除实验条件对测定结果的影响。

第五节　生物样品的前处理

原子光谱法凭借其本身的特点，现已广泛地应用于食品检验和环保、农业、组织、体元素成分分析等领域，且在许多领域已作为标准分析方法。

原子光谱法通常分析液体样品，所以需要分解待测试样，配制成待测样品溶液。样品前处理方法主要有干法灰化法、常规湿法消化法和微波湿法消解法。干法灰化法是在较高的温度下，用空气中的氧气氧化生物样品。精确称取一定量的样品，置于石英坩埚或者铂坩埚中，在 80～150℃低温加热除去大量的有机物，然后放到马弗炉等高温设备中，加热至 450～550℃进行灰化处理。冷至室温后，用硝酸、盐酸或其他试剂溶解，定容后待测。对于挥发性元素（汞、镉、铅、硒等）或易形成挥发性卤素化合物的元素（砷、锡、锌、锑等），不能采用干法灰化，因为这些元素在灰化过程中损失严重，降低回收率。

常规湿法消化法是在升温过程中用合适的酸来氧化生物样品。常用的酸有盐酸、硝酸、高氯酸和磷酸等混合酸。准确称取适量的生物样品于锥形瓶中，加入适量的硝酸，缓缓加热使之反应。冷却后，加少量高氯酸，缓慢浓缩。当溶解物转变成深色后，分批次加入少量硝酸，继续加热至溶解物的微黄色消失、呈无色，继续加热直至产生高氯酸的白烟。冷却后加入适量硝酸，加热以便溶解产生的盐。再冷却至室温，定容后用于测定。

微波湿法消解法是将适量生物样品置于聚四氟乙烯耐压密封反应罐中，加入几毫升硝酸、盐酸或者混合酸，在程序升温过程中逐步增加反应罐的内压，在加压条件下具有很高的分解效率，消解结束后冷至室温，将消解罐中的反应液无损转移到定容容器中，加水稀释定容后待测。此法操作简便、快速，不会因挥发造成损失，待测生物样品用量少，空白值低，在处理复杂生物样品时优于常规前处理方法。

第六节　原子发射光谱法的应用

一、定性分析

根据原子发射光谱中各元素固有的一系列特征谱线的存在与否可以确定供试品中是否含有相应元素。元素特征光谱中强度较大的谱线称为元素的灵敏线。常用的分析方法是铁光谱比较法、标准试样比较法。

铁光谱比较法是以铁的光谱为参比，通过比较光谱的方法检测试样的谱线。由于铁元素的光谱非常丰富，在 210～660 nm 范围内有几千条谱线，谱线间相距都很近，分布均匀，并且铁元素的谱线波长均已准确测定，在各个波段都有一些易于记忆的特征谱线，因此是很好的标准波长标尺。

标准试样光谱比较法是将待测元素的纯物质与分析试样在相同条件下并列摄谱于同一感光板上，比较纯物质与分析试样的图谱，若试样光谱中出现与纯物质具有相同特征的谱线，则表明试样中存在该元素。

二、定量分析

光谱定量分析是根据试样中被测元素特征谱线的强度来确定其浓度，有标准曲线法和标准加入法等。

(1) 标准曲线法：原子发射光谱法的标准曲线法与原子吸收光谱法相似。

(2) 内标法：是在被测元素中选择一根分析线，再在“内标元素”的谱线中选择一根内标线，由这两根线组成“分析线对”，分别测量分析线和内标线的谱线强度，根据两者相对强度与待测元素浓度的定量关系测得被分析元素含量的方法。

内标法要求内标元素与分析元素的蒸发性质接近，以保证蒸发速度的比值恒定。当找不到合适的内标元素时，可以选择待测元素本身作为“内标物”，向样品中加入不同已知量的待测元素来测定试样中被分析元素的含量，这种方法称为标准加入法。

思　考　题

1. 试述原子吸收光谱法与原子发射光谱法的基本原理。
2. 为什么原子发射光谱法比火焰原子吸收法更适宜同时测定多种元素？
3. 原子吸收光谱法和原子发射光谱法定量分析的依据是什么？简述内标法的原理。
4. 为什么要用待测元素的空心阴极灯作为光源用于原子吸收光谱分析？优点是什么？
5. 石墨炉原子化法的工作原理是什么？与火焰原子化法相比较，有什么优缺点？

第九章　色谱分析法导论

色谱分离技术又称层析分离技术或色层分离技术，是一种分离复杂混合物中各个组分的有效方法。其分离精度高、设备简单、操作方便。色谱分析法是各种分离分析技术中效率最高和应用最广的一种方法，特别适合分离分析多组分的混合试样。它利用被分离的各组分在互不相溶的两相中分配系数的微小差异进行分离。当两相做相对移动时，被测物质在两相之间进行反复多次分配，原来微小的差异累加产生了很大的效果，形成差速迁移，使各组分在柱内移动的同时逐渐分离，从而达到分离、分析及测定一些物理化学性质的目的。

第一节　概　　述

色谱技术是一组相关分离方法的总称，色谱法已广泛应用于许多领域，且已成为十分重要的分离分析手段，许多气体、液体和固体样品都能找到合适的色谱法进行分离和分析。各种色谱法共同的特点是具备两相，其中一相不动，称为固定相；另一相携带样品移动，称为流动相。当流动相中样品混合物经过固定相时，就会与固定相发生作用，由于各组分在性质和结构上有差异，与固定相相互作用的类型、强弱就会有差异，因此在同一推动力下，不同组分在固定相滞留时间长短不同，从而按先后不同的次序从固定相中流出。

一、色谱法的分类

1. 按两相状态分类

流动相为气体的色谱法称为气相色谱法(GC)，其中固定相是固体吸附剂的称为气固色谱法(GSC)，固定相为液体的称为气液色谱法(GLC)。流动相为液体的色谱法称为液相色谱法(LC)，同上，液相色谱法也可分成液固色谱法(LSC)和液液色谱法(LLC)。具体分类如下。

流动相与固定相状态：
- 气相色谱法
  - 气固色谱法
  - 气液色谱法
- 液相色谱法
  - 液固色谱法
  - 液液色谱法
- 超临界流体色谱法
- 毛细管电泳

2. 按分离原理分类

按色谱法分离所依据的物理或化学性质的不同，又可将其分为以下几类。

(1) 吸附色谱法：利用吸附剂表面对不同组分物理吸附性能的差别而使之分离的色谱法。适于分离不同种类的化合物(如分离醇类与芳香烃)。

(2) 分配色谱法：利用固定液对不同组分分配性能的差别而使之分离的色谱法。

(3) 离子交换色谱法：利用离子交换原理和液相色谱技术的结合来测定溶液中阳离子和阴离子的一种分离分析方法。该法利用被分离组分与固定相之间发生离子交换的能力差异来实现分离。离子交换色谱法主要用来分离离子或可离解的化合物，它不仅广泛地应用于无机离子的分离，而且还广泛地应用于有机物和生物物质，如氨基酸、核酸、蛋白质等的分离。

(4) 尺寸排阻色谱法：按分子大小顺序进行分离的一种色谱方法，体积大的分子不能渗透到凝胶孔穴中去而被排阻，较早地被淋洗出来；中等体积的分子部分渗透；而小分子可完全渗透入内，最后被洗出色谱柱。这样，样品分子基本按其分子大小先后排阻，从柱中流出。尺寸排阻色谱法广泛应用于大分子分级，即用来分析大分子物质相对分子质量的分布。

(5) 亲和色谱法：相互间具有高度特异亲和性的两种物质之一作为固定相，利用与固定相不同程度的亲和性，使待分离成分与杂质分离的色谱法。例如，利用酶与底物(或抑制剂)、抗原与抗体、激素与受体、外源凝集素与多糖类及核酸的碱基互补之间的专一的相互作用，使相互作用物质的一方与不溶性载体形成共价结合化合物，作为固定相，将另一方从复杂的混合物中选择可逆地截获，达到纯化的目的。亲和色谱法可用于分离活体高分子物质、病毒及细胞或用于对特异的相互作用进行研究。

3. 按固定相的外形分类

固定相装在柱内的色谱法称为柱色谱法。固定相呈平板状的色谱法称为平板色谱法。平板色谱又可分为薄层色谱法和纸色谱法。柱色谱法是将固定相装在金属或玻璃柱中或是将固定相附着在毛细管内壁上做成色谱柱，试样从柱头到柱尾沿一个方向移动而进行分离的色谱法。纸色谱法利用滤纸作固定液的载体，把试样点在滤纸上，然后用溶剂展开，各组分在滤纸的不同位置以斑点形式显现，根据滤纸上斑点位置及大小进行定性和定量分析。薄层色谱法是将适当粒度的吸附剂作为固定相涂布在平板上形成薄层，然后用与纸色谱法类似的方法操作以达到分离目的。

二、色谱法的特点

色谱法和其他分离方法相比，具有以下特点。

(1) 分离效能高：色谱法可以反复多次地利用各组分性质上的差异来进行分离，使得这种差异放大很多倍，因此分离效能比一般方法高很多。

（2）灵敏度高：色谱分析需要的样品量极少，一般只需微克或纳克级，适于做痕量分析。

（3）分析速度快：一般只需几分钟或几十分钟就可完成一个分析周期，一次分析可同时测定多种组分。

（4）应用范围广：色谱法几乎可以分析所有的化学物质，可分析气体、液体和固体物质。

三、色谱法的发展方向

色谱法是现代分离技术中应用最广泛、发展最迅速的研究领域，新技术新方法层出不穷，目前其发展主要集中在以下几个方面。

1. 新固定相的研究

固定相和流动相是色谱法的主角，新固定相的研究不断扩展着色谱法的应用领域，如亲和层析固定相能够特异分离生物大分子；反相固定相没有死吸附，可以用来简单地分离和测定血浆等生物药品。

2. 检测方法的研究

检测方法也是色谱学研究的热点之一，人们不断更新检测器的灵敏度，使色谱分析能够更灵敏地进行分析。人们还将其他光谱的技术引入色谱，如进行色谱-质谱联用、色谱-红外光谱联用、色谱-紫外联用等，在分离化合物的同时测定化合物的结构。色谱检测器的发展还伴随着数据处理技术的发展，检测获得的数据随即进行计算处理，使实验者获得更多信息。

3. 专家系统

专家系统是色谱学与信息技术结合的产物。由于应用色谱法进行分析时要根据研究内容选择不同的流动相、固定相、预处理方法以及其他条件，因此需要大量的实践经验，色谱专家系统是模拟色谱专家的思维方式为色谱使用者提供帮助的程序，专家系统的知识库中存储了大量色谱专家的实践经验，可以为使用者提供关于色谱柱系统选择、样品处理方式、色谱分离条件的选择、定性和定量的结果解析等方面的帮助。

4. 色谱新方法

色谱新方法也是色谱研究热点之一。高效毛细管电泳法是目前研究最多的色谱新方法，这种方法没有流动相和固定相的区分，而是依靠外加电场的驱动令带电离子在毛细管中沿电场方向移动，离子的带电状况、质量、形态等的差异使得不同离子相互分离。

第二节　色谱流出曲线及常用术语

一、色谱流出曲线

待测样品进入色谱仪，经色谱柱分离，不同组分先后流出后再进入检测器，检测器产生响应信号，信号大小与组分浓度成正比，该信号放大后输送到记录仪，由记录仪画出的信号强度对时间作图，所得曲线称为色谱流出曲线（elution profile），又称色谱图，图9－1为记录仪显示的色谱曲线图，曲线上突起部分就是色谱峰。

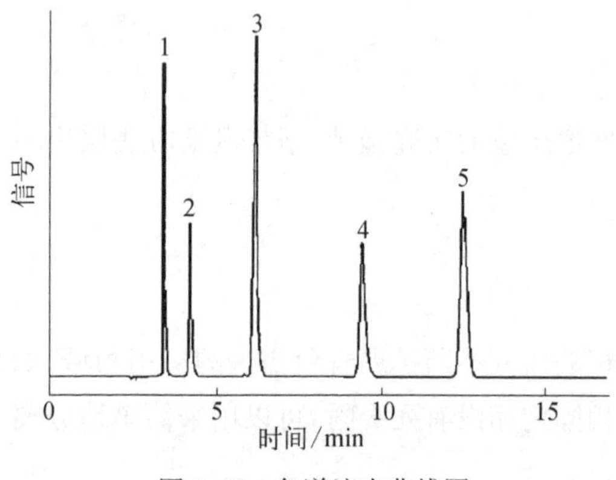

图9－1　色谱流出曲线图

从色谱流出曲线上，可以得到许多重要信息。

（1）根据色谱峰的个数，可以判断样品中所含组分的最少个数。

（2）根据色谱峰的保留值（或位置），可以进行定性分析。

（3）根据色谱峰的面积或峰高，可以进行定量分析。

（4）色谱峰的保留值及其区域宽度，是评价色谱柱分离效能的依据。

（5）色谱峰两峰间的距离，是评价固定相和流动相选择是否合适的依据。

二、色谱常用术语

1. 基线

当仪器中没有注入样品，仅有流动相通过时，检测器响应信号的记录值即为基线。稳定的基线应该是一条水平直线，如图9－2所示，色谱流出曲线标准图中的水平线即是基线。

（1）基线噪声：基线信号的波动。这通常是由电源接触不良或瞬时过载、检测器不稳定、流动相含有气泡或色谱柱被污染所致。

（2）基线漂移：基线随时间的缓缓变化。这主要是由操作条件如电压、温度、流动相及流量的不稳定所引起的，柱内的污染物或固定相不断被洗脱下来也会产生漂移。

2. 色谱峰

色谱峰是组分流经检测器时相应的连续信号产生的曲线，即流出曲线上的突起部分。正常色谱峰近似于对称性正态分布曲线。不对称色谱峰有两种：前延峰（leading peak）和脱尾峰（tailing peak），前者少见。拖尾因子（tailing factor）是通过计算5％峰高处峰宽与

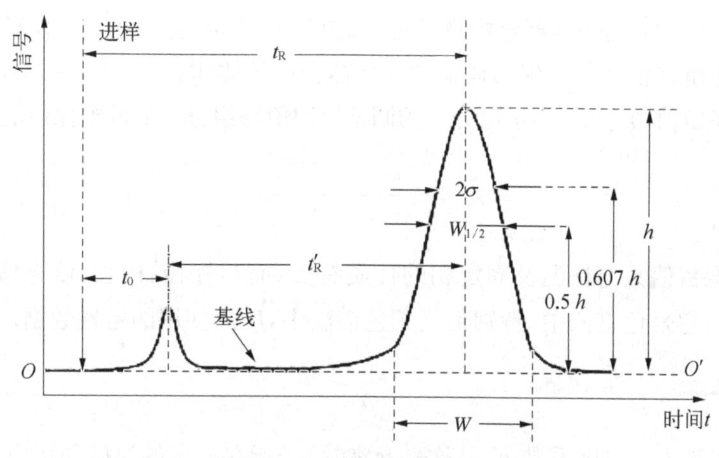

图 9-2　色谱流出曲线标准图

h-色谱峰高；W-色谱峰峰宽；$W_{1/2}$-色谱峰半峰宽；σ-标准偏差；t_0-死时间；t_R-保留时间；t'R-调整保留时间

峰顶点至前沿的距离比来评价峰形的参数，目的是为了保证色谱分离效果和测量精度，也称为对称因子(symmetry factor)或不对称因子(asymmetry factor)。

(1) 色谱峰面积(A)：色谱曲线与基线间包围的面积。

(2) 色谱峰高(h)：组分在柱后出现浓度最大时的检测信号，即色谱峰顶点至基线的距离。

(3) 色谱峰峰宽(W)：色谱峰两侧拐点上的切线在基线上的截距。

(4) 色谱峰半峰宽($W_{1/2}$)：峰高一半处对应的峰宽。

(5) 标准偏差(σ)：0.607 倍峰高处色谱峰宽的一半。

3. 保留值

(1) 保留时间(t_R)：进样后某组分在柱后出现浓度最大时的时间间隔或某个组分从进入色谱柱开始到色谱峰顶点的时间间隔或组分质点通过色谱柱所需要的时间(在柱内运行的时间)。

(2) 死时间(t_0)：不被固定相吸附或溶解的组分的保留时间，或流动相流经色谱柱所需要的时间，或组分在流动相中所消耗的时间。

(3) 调整保留时间(t'_R)，扣除死时间后的保留时间 ($t'_R=t_R-t_0$)。由于组分在色谱柱中内保留时间 t_R包含了组分随流动相通过柱子所需的时间和组分在固定相中滞留所需的时间，因此 t'_R实际上是组分在固定相中停留的时间。保留时间是色谱法定性的基本依据，但同一组分的保留时间常受到流动相流速的影响，因此色谱工作者有时用保留体积等参数进行定性鉴定。

(4) 保留体积(V_R)：由进样开始到某个组分在柱后出现浓度极大时，所需通过色谱柱的流动相的体积，$V_R=t_RF_c$ (F_c为流速，mL/min)。

(5) 死体积(V_0)：由进样器至检测器的流路中未被固定相占据的空间，$V_0 = t_0 F_c$。

(6) 调整保留体积(V'_R)：保留体积扣除死体积后的体积，$V'_R = V_R - V_0$。

(7) 相对保留值($\gamma_{2,1}$)：表示组分 2 的调整保留值与组分 1 的调整保留值之比，表示为

$$\gamma_{2,1} = \frac{t'_{R2}}{t'_{R1}} = \frac{V'_{R2}}{V'_{R1}} \qquad 式(9-1)$$

由于相对保留值只与柱温及固定相的性质有关，而与柱径、柱长、填充情况及流动相流速无关，因此，它是色谱法中，特别是气相色谱法中，广泛使用的定性数据。

4. 分离参数

(1) 分配系数 K：分配系数 K 又称平衡常数，是指在一定的温度和压力下，组分在两相间达到分配平衡时，组分在固定相中的浓度与在流动相中的浓度之比。

$$K = \frac{C_s}{C_m} \qquad 式(9-2)$$

式中，C_s为溶质在固定相中的浓度；C_m为溶质在流动相中的浓度。分配系数 K 是每一个溶质的特征常数，它与固定相和温度有关。不同组分的分配系数的差异是实现色谱分离的先决条件，分配系数相差越大，越容易实现分离。

(2) 分配比 k'：分配比又称容量因子，它是指在一定温度和压力下，组分在两相间达分配平衡时，分配在固定相和流动相中的质量比，即

$$k' = \frac{m_s}{m_m} = \frac{C_s V_s}{C_m V_m} \qquad 式(9-3)$$

式中，V_s 为柱中流动相的体积；V_m 为柱中固定相的体积。k'值越大，说明组分在固定相中的量越多，相当于柱的容量越大。

第三节　色谱分析的基本理论

色谱分析的首要问题是将样品中各组分彼此分离，组分要达到完全分离，两峰间的距离必须足够远，组分分离是定性定量分析的前提。要使两组分能完全分离，首先是两组分的分配系数必须有差异；其次是色谱峰不能太宽，否则两色谱峰还是容易重叠。为了解决色谱峰分离遇到的问题，Van Deemter 和 Martin 等分别从动力学和热力学的角度建立了速率理论和塔板理论模型来指导研究流出曲线展宽的本质以及曲线形状变化的影响因素，该理论对发展高选择性、高效能色谱柱以及分离条件的优化都具有重要的指导意义。

一、塔板理论

马丁(Martin)和欣革(Synge)最早提出塔板理论(plate theory)。塔板理论将色谱柱

看作一个分馏塔，待分离组分在分馏塔的塔板间移动，在每一个塔板内组分分子在固定相和流动相之间形成平衡，随着流动相的流动，组分分子不断从一个塔板移动到下一个塔板，并不断形成新平衡。假定在每一小段内组分可以很快地在两相中达到分配平衡，这样一个小段称为一个理论塔板，一个理论塔板长度称为理论塔板高度，用 H 表示。经过多次平衡，分配系数小的组分先离开色谱柱，分配系数大的后离开色谱柱。由于色谱柱内的塔板数相当多，即使组分的分配系数只有微小差别，仍可获得较好的分离效果。

理论塔板数用 n 表示，当色谱柱长为 L 时，其塔板数 n 为

$$n=\frac{L}{H} \text{或} H=\frac{L}{n} \qquad \text{式(9-4)}$$

当理论塔板数 n 足够大时，色谱流出曲线趋近于正态分布。n 可根据色谱图上所测得的数据进行计算。

$$n=5.54\left(\frac{t_r}{W_{1/2}}\right)^2=16\left(\frac{t_r}{W}\right)^2 \qquad \text{式(9-5)}$$

n 或者 H 是描述色谱柱效能的指标，n 越大，或 H 越小，表示柱效率越高，分离能力越强。

在实际应用中，常出现计算出的理论 n 很大，但色谱柱的分离效能不高的现象。这是由于死时间 t_0 包含在保留时间 t_r 中，而实际死时间不参与柱内的分配，因此与实际柱效相差很大，因而提出了将死时间 t_0 扣除的有效理论塔板数 n_{eff} 和有效塔板高度 H_{eff} 作为柱效能指标：

$$n=5.54\left(\frac{t'_r}{W_{1/2}}\right)^2=16\left(\frac{t'_r}{W}\right)^2 \qquad \text{式(9-6)}$$

塔板理论用热力学观点形象地描述了溶质在色谱柱中的分配平衡和分离过程，导出流出曲线的数学模型，并成功地解释了流出曲线的形状及浓度极大值的位置，还提出了计算和评价柱效能的参数。虽然该理论回答了影响色谱峰保留时间和峰宽度这两个重要问题，但它没有回答宽度也就是相应的理论板高究竟受哪些操作条件的影响。但该理论是在一系列假设条件下导出的，未考虑分子扩散因素、其他动力学因素对柱内传质的影响。因此它不能解释：流速如何影响理论塔板数？色谱峰形为什么会扩张？影响柱效的动力学因素是什么？

二、速率理论

荷兰学者 van Deemter 等在研究气液色谱时，提出了色谱过程动力学理论——速率理论。他们吸收了塔板理论在塔板高度的概念，并充分考虑了组分在两相间的扩散和传质过程，从而在动力学上较好地解释了影响塔板高度的各种因素。该理论模型对气相、液相色谱都适用。Van Deemter 方程的数学简化式为

$$H = A + \frac{B}{u} + Cu \qquad 式(9-7)$$

式中，u 为流动相的线速度；A、B、C 为常数，分别代表涡流扩散相系数、分子扩散项系数、传质阻力项系数。

1. 涡流扩散项系数 A

在填充色谱柱中，当组分随流动相向柱出口迁移时，流动相由于受到固定相颗粒障碍而不断改变流动方向，组分分子在前进中形成紊乱的涡流，故称为涡流扩散。在填充柱内，由于填充物颗粒大小的不同及填充物的不均匀性，同一组分的分子经过多个不同长度的途径流出色谱柱，一些分子沿较短的路径运行，较快通过色谱柱，另一些分子沿较长的路径运行，发生滞后，结果使色谱峰变宽。其程度由式(9-8)决定：

$$A = 2\lambda d_p \qquad 式(9-8)$$

由于柱填料粒径大小不同、粒度分布范围不一致及填充的不均匀，形成宽窄、长短不同的路径，因此流动相沿柱内各路径形成紊乱的涡流运动，有些溶质分子沿较窄且直的路径运行，以较快的速度通过色谱柱，发生分子超前；反之，有些分子发生滞后，从而使色谱峰产生扩散，如图 9-3 所示。为了减小涡流扩散，提高柱效，最好使用细而均匀的颗粒，并且填充均匀是提高柱效的有效途径。

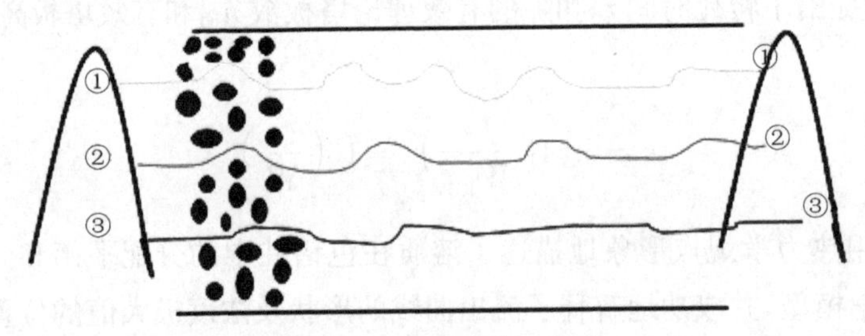

图 9-3　涡流扩散示意图

2. 分子扩散项 B/u（纵向扩散项）

当样品组分被流动相带入色谱柱后，就以"塞子"的形式存在于柱的开始很小一段空间中。由于存在纵向的浓度梯度，因此样品组分就会发生纵向的扩散，引起色谱峰展宽。

由于在填充柱内有固定相颗粒存在，故分子自由扩散受到阻碍，扩散程度降低。而在空心柱中，分子扩散不会受到阻碍。分子扩散项与流动相及组分性质有关：① 扩散与组分在流动相中的扩散系数成正比，扩散随柱温升高而增大，随柱压增大而减小。因此，采用相对分子质量较大的流动相，控制较低的柱温，可使 B 项降低；② 扩散与组分在色谱柱内停留的时间有关，流动相流速越小，组分停留时间越长，扩散就越大。因此采用较高的载气流速，可使 B 项降低。对于液相色谱，组分在流动相中的纵向扩散可以忽略不计。

3. 传质阻力项 Cu

组分在固定相和流动相之间进行分配。在试样组分从流动相移动到固定相表面或者从固定相表面移动到固定相内部的过程中，由于质量交换过程(即传质过程)需要一定时间(即传质阻力)，因此分子有滞留倾向。在此过程中，部分组分分子随流动相向前运动，发生分子超前，引起色谱峰扩展；有一部分组分分子先离开固定相表面，发生分子超前，也引起色谱峰扩展。

4. 范式方程曲线

以塔板高度对流动相线速度作图所得的双曲线，即范式方程曲线或称 $H-u$ 图，如图9-4所示。对于一定长度的柱子，柱效越高，理论塔板数越大，板高就越小。但究竟控制怎样的线速度，才能达到最小板高呢？由范式方程曲线可以看出，对应某一流速都有一个板高的极小值，这个极小值就是柱效最高点。由图9-4可见，涡流扩散项 A 与线速度 u 无关；线速度较低时，分子扩散项起主要作用；线速度较高时，传质阻力项起主要作用。

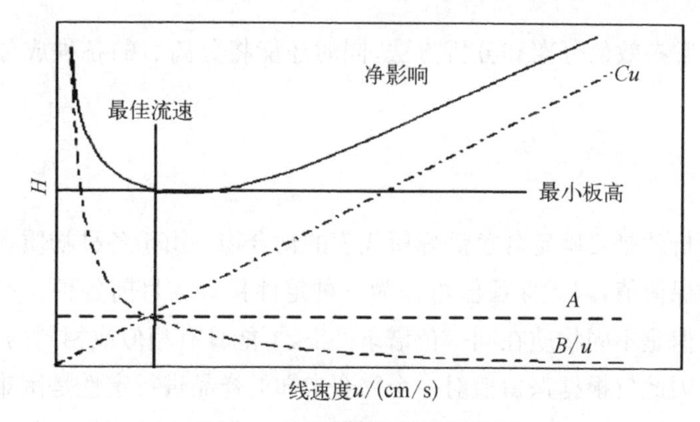

图9-4　速率理论关系曲线图

三、分离度

分离度 R 是一个综合性指标，如图9-5所示。分离度是既能反映柱效率又能反映选择性的指标，称总分离效能指标。分离度又叫分辨率，它定义为相邻两组分色谱峰保留值之差与两组分色谱峰底宽总和一半的比值，即

$$R=2\frac{t_{r2}-t_{r1}}{W_1}+W_2 \qquad 式(9-9)$$

R 值越大，表明相邻两组分分离越好。一般，当 $R<1$ 时，两峰有部分重叠；当 $R=1$ 时，分离程度可达98%；当 $1<R<1.5$ 时，分离程度可达99.7%。通常用 $R=1.5$ 作为相邻两组分已完全分离的标志。当然，若 R 值越大，分离效果越好，但会延长分析时间。

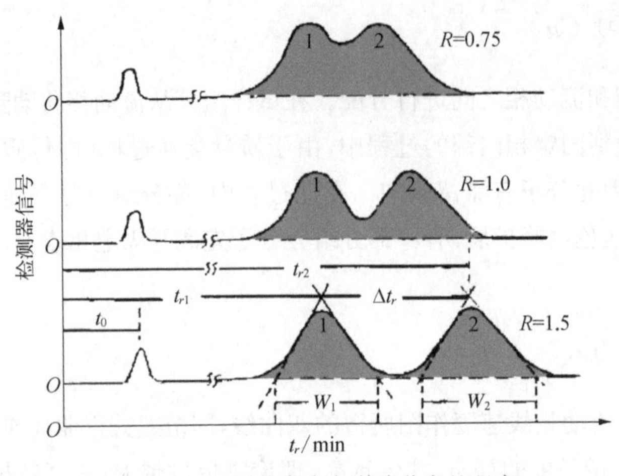

图 9-5 不同分离度色谱峰分离的程度

第四节 色谱定性和定量的方法

色谱法是非常有效的分离和分析方法，同时还能将分离后的各种成分直接进行定性和定量分析。

一、定性分析

色谱定性分析就是要确定各色谱峰所代表的化合物。由于各种物质在一定的色谱条件下均有确定的保留值，因此保留值可作为一种定性指标。目前各种色谱定性方法都是基于保留值的。但是不同物质在同一色谱条件下，可能具有相似或相同的保留值，即保留值并非专属的。因此仅根据保留值对一个完全未知的样品进行定性是困难的。如果在了解样品的来源、性质和分析目的的基础上，对样品组成做初步的判断，再结合下列的方法，则可确定色谱峰所代表的化合物。

1. 利用标准样品直接对照定性

在一定的色谱系统和操作条件下，各种组分都有确定的保留时间，因此可以通过比较已知纯物质和未知组分的保留时间来进行定性分析。如果待测组分的保留值与在相同色谱条件下测得的已知纯物质的保留时间相同，则可以初步认为它们是属于同一种物质。为了提高定性分析的可靠性，还可以进一步改变色谱条件(分离柱、流动相、柱温等)或在样品中添加标准物质，如果被测物的保留时间仍然与已知物质相同，则可以认为它们为同一物质。为了利用纯物质进行对照定性分析，首先要对试样的组分有初步了解，其次要预先准备用于对照的已知纯物质(标准对照品)。该方法简便，故是气相色谱定性中最常用的定性方法。

2. 利用相对保留值定性

相对保留值 γ_{is} 是指组分 i 与基准物质 s 调整保留值的比值，即

$$\gamma_{is}=\frac{t'_{ri}}{t'_{rs}}=\frac{V'_{ri}}{V'_{rs}} \qquad \text{式}(9-10)$$

它仅随固定液及柱温变化而变化，与其他操作条件无关。

相对保留值的测定方法：在某一固定相及柱温下，分别测出组分 i 和基准物质 s 的调整保留值，再按式(9-10)计算即可。用已求出的相对保留值与文献相应值比较即可进行定性分析。通常选容易得到纯品的，而且与被分析组分相近的物质作基准物质，如正丁烷、环己烷、正戊烷、苯、对二甲苯、环己醇、环己酮等。

3. 利用加入已知标准物增加峰高法进行定性分析

当未知样品中组分较多，所得色谱峰过密，用上述方法不易辨认时，或仅做未知样品指定项目分析时均可用此法。首先做出未知样品的色谱图，然后在未知样品加入某已知物，得到一个色谱图。峰高增加的组分即可能为这种已知物。

4. 保留指数法定性分析

保留指数表示物质在固定液中的保留行为，是目前使用最广泛并被国际上公认的定性指标。它具有重现性好、标准统一及温度系数小等优点。保留指数也是一种相对保留值，它是把正构烷烃中某两个组分的调整保留值的对数作为相对的尺度，并假定正构烷烃的保留指数为 $n\times100$。被测物的保留指数值可用内插法计算。保留指数的物理意义在于：它是用与被测物质具有相同调整保留时间的假想的正构烷烃的碳数乘以100。保留指数仅与固定相的性质、柱温有关，与其他实验条件无关。其准确度和重现性都很好。只要柱温与固定相相同，就可应用文献值进行鉴定，而不必用纯物质相对照。

5. 与其他方法结合定性

(1) 柱前或柱后化学反应定性：在色谱柱后安装T形分流器，将分离后的组分导入官能团试剂反应管，利用官能团的特征反应进行定性。也可在进样前将被分离化合物与某些特殊反应试剂反应生成新的衍生物，这就会造成该化合物在色谱图上的出峰位置的大小发生变化甚至不被检测到，由此可以得到被测化合物的结构信息。

(2) 联用技术：将色谱与质谱、红外光谱、磁共振波谱等具有定性能力的分析方法联用，复杂的混合物先经气相色谱分离成单一组分后，再利用质谱仪、红外光谱仪或磁共振波谱仪进行定性。未知物经色谱分离后，质谱可以很快地给出未知组分的相对分子质量和电离碎片，提供被测样品是否含有某些元素或基团的信息。根据红外光谱也可很快得

到未知组分所含各类基团的信息，进而对结构鉴定提供可靠的论据。

二、定量分析

定量分析的目的是求出混合样品中各组分的质量分数。色谱定量的依据是，当操作条件一致时，被测组分的质量(或浓度)与检测器给出的响应信号成正比，即

$$\omega_i = f_i A_i \tag{式(9-11)}$$

式中，ω_i 为被测组分 i 的质量；A_i 为被测组分 i 的峰面积；f_i 为被测组分 i 的校正因子。由此可见，进行色谱定量分析时需要：① 准确测量检测器的响应信号，即峰面积或峰高；② 准确求得比例常数，即校正因子；③ 正确选择合适的定量计算方法，将测得的峰面积或峰高换算为组分的质量分数。

1. 峰面积的测量

峰面积的大小不易受操作条件如柱温、流动相的流速以及进样速度等的影响，因此更适合作定量分析的参数。峰面积测量的准确与否直接影响定量结果。对于不同峰形的色谱峰采用不同的测量方法。

(1) 对称形峰面积的测量：峰高乘以半峰宽法，即对称峰的面积，见式(9-12)。

$$A = 1.065 h W_{1/2} \tag{式(9-12)}$$

(2) 不对称形峰面积的测量：峰高乘以半峰宽法，见式(9-13)。

$$A = \frac{1}{2} h (W_{0.15} + W_{0.85}) \tag{式(9-13)}$$

式中，$W_{0.15}$ 和 $W_{0.85}$ 分别为峰高 0.15 倍和 0.85 倍处的峰宽。对于不对称峰的测量如果仍用峰高乘以半峰宽，误差就较大，因此采用峰高乘平均峰宽法。此法测量时比较麻烦，但计算结果较准确。

(3) 自动积分法：具有微处理机(工作站、数据站等)或计算机控制的色谱工作站，能自动测量色谱峰面积，对不同形状的色谱峰可以采用相应的计算程序自动计算，从而得出准确的结果。

2. 定量校正因子

(1) 绝对校正因子：单位峰面积或峰高对应的组分 f 的质量或浓度，即

$$f_i = \frac{m_i}{A_i} \tag{式(9-14)}$$

f_i 与检测器性能、组分和流动相性质及操作条件有关，不易准确测量。在定量分析

中常用相对校正因子。

(2) 相对校正因子：相对校正因子定义为

$$f'_i=\frac{f_i}{f_s} \qquad \text{式(9-15)}$$

即某组分 i 的相对校正因子 f'_i 为组分 i 与标准物质 s 的绝对校正因子之比，即

$$f'_i=\frac{m_i/A_i}{m_s/A_s}=\frac{m_i}{m_s}\frac{A_s}{A_i} \qquad \text{式(9-16)}$$

可见，相对校正因子 f'_i 就是当组分 i 的质量与标准物质 s 相等时，标准物质的峰面积与组分 i 峰面积的比值。若某组分质量为 m_i，峰面积为 A_i，则 f'_iA_i 的数值与质量为 m_i 的标准物质的峰面积相等。相对校正因子只与检测器类型有关，与色谱条件无关。由于绝对因子很少使用，因此，一般文献上提到的校正因子就是相对校正因子。需要注意的是，相对校正因子是一个无因次量，但它的数值与采用的计量单位有关。

3. *定量分析方法*

色谱法常采用归一化法、内标法、外标法进行定量分析。由于峰面积定量比峰高准确，因此常采用峰面积来进行定量分析。为表述方便，以下将相对校正因子简写为 f。

(1) 归一化法：该法是将试样中所有组分的含量之和按 100%计算，以它们相应的色谱峰面积为定量参数。如果试样中所有组分均能流出色谱柱，并在检测器上都有响应信号，都能出现色谱峰，则可用此法计算各待测组分 f 的含量。其计算公式如下：

$$P_i\%=\frac{m_i}{m}\times 100\%=\frac{A_if'_i}{A_1f_1+A_2f_2+A_3f_3+\cdots+A_nf_n}\times 100\% \qquad \text{式(9-17)}$$

式中，$P_i\%$ 为被测组分 i 的质量分数；A_1、A_2、…、A_n 为组分 1～n 的峰面积；f'_1、f'_2、…、f'_n 为组分 1～n 的相对校正因子。

归一化法简便、准确，进样量多少不影响定量的准确性，操作条件的变动对结果的影响也较小，故它尤其适用于多组分的同时测定。但若试样中有的组分不能出峰，则不能采用此法。某些不需要定量的组分也必须测出其峰面积及 f'_i 值。此外，测量低含量尤其是微量杂质时，误差较大。

(2) 外标法：将待测试样的纯物质配成一系列不同浓度的标准溶液，再分别取一定的体积，进样分析。从色谱图上测出峰面积，以峰面积对含量作图即为标准曲线。然后在相同的色谱操作条件下，分析待测试样，从色谱图上测出试样的峰面积(或峰高)，由上述标准曲线查出待测组分的含量。

外标法是最常用的定量方法。其优点是操作简便，不需要测定校正因子，计算简单。

其结果的准确性主要取决于进样的重现性和色谱操作条件的稳定性。

(3) 内标法：内标法是在未知样品中加入已知浓度的标准物质(内标物)，然后比较内标物和被测组分的峰面积，从而确定被测组分的浓度。由于内标物和被测组分处在同一基体中，因此可以消除基体带来的干扰。而且当仪器参数和洗脱条件发生非人为的变化时，内标物和样品组分都会受到同样的影响，这样就消除了系统误差。当对样品的情况不了解，样品的基体很复杂或不需要测定样品中所有组分时，采用这种方法比较合适。

具体做法是准确称取一定量的纯物质作为内标物，加入到准确称量的试样中，根据试样和内标物的质量以及被测组分与内标物的峰面积可求出被测组分的含量。由于被测组分与内标物质量之比等于峰面积之比，即

$$\frac{m_i}{m_s}=\frac{A_i f'_i}{A_s f'_s}\text{，所以，}m_i=\frac{m_s A_i f'_i}{A_s f'_s} \qquad \text{式}(9-18)$$

内标物必须满足如下的条件：① 内标物与被测组分的物理化学性质要相似(如沸点、极性、化学结构等)；② 内标物应能完全溶解于被测样品(或溶剂)中，且不与被测样品起化学反应；③ 内标物的出峰位置应该与被分析物质的出峰位置相近，且又能完全分离，目的是为了避免由GC的不稳定性所造成的灵敏度的差异；④ 选择合适的内标物加入量，使得内标物和被分析物质两者峰面积的匹配性大于75%，以避免由它们处在不同响应值区域而导致的灵敏度偏差。

内标法的优点是定量准确，因为该法是用待测组分和内标物的峰面积的相对值进行计算，所以不要求严格控制进样量和操作条件，试样中含有不出峰的组分时也能使用，但每次分析都要准确称取或量取试样和内标物的量。

思 考 题

1. 名词解释：基线、色谱峰、峰面积、死时间、峰宽、峰高、保留时间(体积)、调整保留时间(体积)、固定相、流动相、基线漂移、基线噪声、分配系数、分离度。
2. 简述色谱法的两大基本理论。
3. 简述色谱各种定量方法的特点及适用性。
4. 色谱柱的长度、分配系数、载气流速对组分的保留时间有何影响?
5. 为什么可用分离度 R 作为色谱柱的总分离效能指标?
6. 简述常用色谱定性方法的特点及适用性。
7. 根据色谱速率和塔板理论简述如何提高柱效及提高分离度。

第十章　气相色谱仪

气相色谱法(GC)是流动相为气体的色谱分离技术,它可分析和分离复杂的组分混合物。目前由于使用了高效能的色谱柱,高灵敏度的检测器及微处理机,因此气相色谱法成为一种分析速度快、灵敏度高、应用范围广的分析方法。其局限性是不适合于分析沸点高、相对分子质量太大、受热易分解或变性、具腐蚀性和反应性较强的化合物(约 20%有机化合物用 GC 分析)。

第一节　气相色谱仪的结构

气相色谱仪是实现气相色谱分离过程的仪器。目前市场上气相色谱仪仪器型号繁多,但总体来说,仪器的基本结构是相似的,主要由载气系统、进样系统、分离系统(色谱柱)、检测系统、温度控制系统以及数据处理系统构成。图 10－1 为气相色谱仪结构流程图。

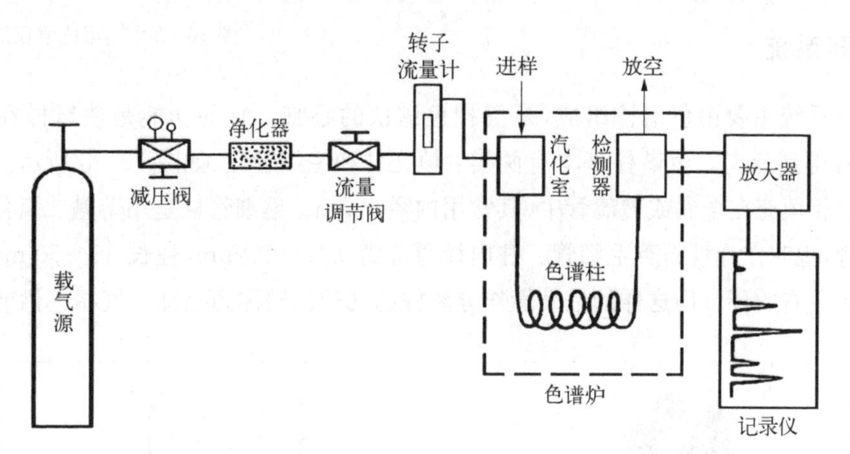

图 10－1　气相色谱仪流程图

一、载气系统

载气系统包括气源、气体净化器、气路控制系统。载气是气相色谱过程的流动相,原则上说只要没有腐蚀性,且不干扰样品分析的气体都可用作载气。常用的有 H_2、He、N_2、Ar 等。在实际应用中载气的选择主要是根据检测器的特性来决定的,同时考虑色谱柱的分离效能和分析时间,例如,在氢火焰离子化检测器中,氢气是必用的燃气,用氮气作载气。载气的纯度、流速对色谱柱的分离效能、检测器的灵敏度均有很大影响,气路控制系统的作用就是将载气及辅助气进行稳压、稳流及净化，以满足气相色谱分析的要求。操作气相色谱仪选用不同气体纯度的气源作载气和辅助气体的原则是选择气体纯度时，主要取决于分析对象、色谱柱中填充物以及检测器。建议在满足分析要求的前提下，尽可能选用纯度较高的气体。这样不但会提高或保持仪器的灵敏度，而且会延长色谱柱和整台仪器（气路控制部件、气体过滤器）的寿命。

二、进样系统

进样系统包括进样器和气化室，它的功能是引入试样，并使试样瞬间气化，如图 10－2 所示。液体样品可用微量注射器进样，但重复性比较差，在使用时注意进样量与所选用的注射器相匹配，最好是在注射器最大容量下使用。在工业流程色谱分析和大批量样品的常规分析中，常用自动进样器，因为它重复性很好。在毛细管柱气相色谱中，由于毛细管柱样品容量很小，一般采用分流进样器，进样量比较多，样品汽化后只有一小部分被载气带入色谱柱，大部分被放空。气化室的作用是把液体样品瞬间加热变成蒸汽，然后由载气带入色谱柱。

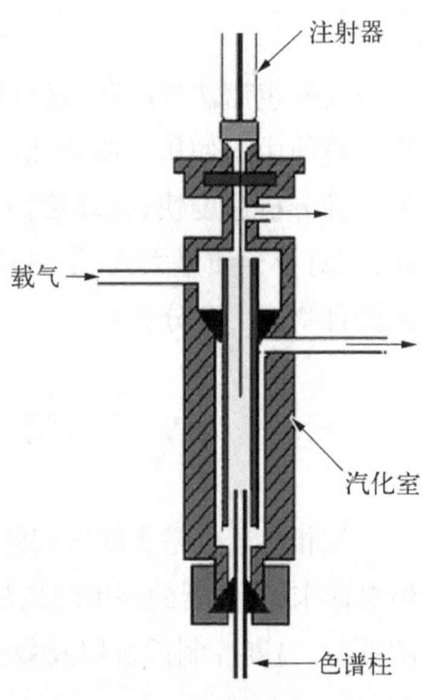

图 10－2　气相色谱仪进样系统

三、分离系统

分离系统主要由色谱柱组成，是气相色谱仪的心脏。它的功能是使试样在柱内运行的同时得到分离。色谱柱基本有两类：填充柱和毛细管柱，如图 10－3 所示。填充柱是将固定相填充在金属或玻璃管中，其常用内径 4 mm。毛细管柱是用熔融二氧化硅拉制的空心管，也叫作弹性石英毛细管。柱内径通常为 0.1～0.5 mm，柱长 30～50 m，绕成直径 20 cm 左右的环。用这样的毛细管作分离柱的气相色谱称为毛细管气相色谱或开管柱

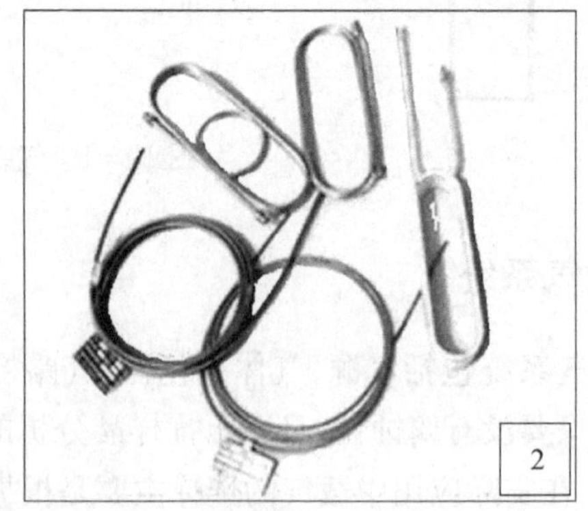

图 10－3　气相色谱分离柱

1—毛细管柱；2—填充柱

气相色谱，其分离效率比填充柱要高得多，可分为开管毛细管柱、填充毛细管柱等。填充毛细管柱是在毛细管中填充固定相而成，也可先在较粗的厚壁玻璃管中装入松散的载体或吸附剂，然后拉制成毛细管。如果装入的是载体，使用前在载体上涂渍固定液称为填充毛细管柱气-液色谱。如果装入的是吸附剂，就是填充毛细管柱气-固色谱，但这种毛细管柱近年已不多用。开管毛细管柱又分以下 4 种：① 涂壁毛细管柱。在内径为 0.1～0.3 mm 的中空石英毛细管的内壁涂渍固定液，这是目前使用最多的毛细管柱。② 载体涂层毛细管柱。先在毛细管内壁附着一层硅藻土载体，然后再在载体上涂渍固定液。③ 小内径毛细管柱。内径小于 0.1 mm 的毛细管柱，主要用于快速分析。④ 大内径毛细管柱。内径在 0.3～0.5 mm 的毛细管，往往在其内壁涂渍 5～8 μm 的厚液膜。

四、检测系统

检测系统的功能是将柱后已被分离的组分浓度或质量信息转变为便于记录的电信号，然后对各组分的组成和含量进行鉴定和测量。检测器的选择要依据分析对象和目的来确定。

气相色谱检测器种类较多，原理和结构各异，按检测方式可分为浓度型和质量型检测器。浓度型检测器的响应值与流动相中组分的浓度成正比，如热导检测器、电子捕获检测器等；质量型检测器的响应值与单位时间内进入检测器的组分的质量成正比，如氢焰离子化检测器、火焰光度检测器等。

1. 检测器的主要性能指标

(1) 噪声和漂移：当无样品通过检测器时，由仪器本身和工作条件所造成的基线起伏称为噪声(noise, N)，其大小用基线波动的最大幅度来衡量。漂移(drift)是基线随时间的单方向缓慢变化，通常表示为单位时间内基线信号值的变化。良好的检测器噪声与漂移都应很小，这表明检测器的稳定状况。

(2) 灵敏度：灵敏度(sensitivity, S)又称响应值或应答值，是响应信号变化(ΔR)与通过检测器物质量的变化(ΔQ)之比，即

$$S=\frac{\Delta R}{\Delta Q} \qquad \text{式(10-1)}$$

常用两种方法表示，浓度型检测器常用 S_c，质量型检测器常用 S_m。S_c是 1 mL 载气中携带 1 mg 的某组分通过检测器时所产生的电信号值(mV)，单位为 mV · mL/mg。S_m是每秒有 1 g 的某组分被载气携带通过检测器时所产生的电信号值(mV)，单位为 mV · s/g。

(3) 检测限：又称敏感度(detectability, D)或检出限。检测限是指检测器恰能产生 3 倍噪声信号时，单位时间内载气引入检测器的组分质量(g/s)或单位体积载气中所含的组分量(mg/mL)。由于低于此限时组分色谱峰将被噪声淹没而无法检出，故称为检测限。计算式为

$$D=\frac{3N}{S} \qquad 式(10-2)$$

浓度型检测器 D_C 的单位为 mg/mL，质量型检测器 D_m 的单位为 g/s。检测限越低，检测器性能越好。

(4) 线性范围：任何检测器对特定物质的响应只有在一定范围内才是线性的，检测器的响应信号强度与被测物浓度(或质量)之间呈线性关系的范围即为线性范围(range of linearity)。线性范围的下限就是检测限，上限一般认为是偏离线性±5%时的响应值，具体表示方法多用上限与下限的比值。不同检测器的线性范围有很大的差别，同一检测器对不同的组分线性范围也不同。线性范围对定量分析很重要。绘制标准曲线时，样品的浓度或进样量应控制在检测器的线性范围内，否则定量的准确度无法保证。

2. 常用的检测器

(1) 热导检测器：热导检测器(themal conductivity detector, TCD)基于被测组分与载气热导率的差异来检测组分的浓度变化，其具有构造简单、测定范围广、热稳定性好、线性范围宽、样品不被破坏等优点。它几乎对所有的物质都有响应，是目前应用最广泛的通用型检测器，但其缺点是灵敏度较低。由于在检测过程中样品不被破坏，因此它可与其他鉴定技术联用。

热导检测器的信号检测部分为热导池，由池体和热敏元件构成。由热导池与其他部件组成的惠斯登电桥即为热导检测器。热敏元件常用钨丝或铼钨丝等制成，它们的电阻随温度的升高而增大，并且具有较大的电阻温度系数。热导池可分为双臂热导池和四臂热导池，如图 10-4 所示。

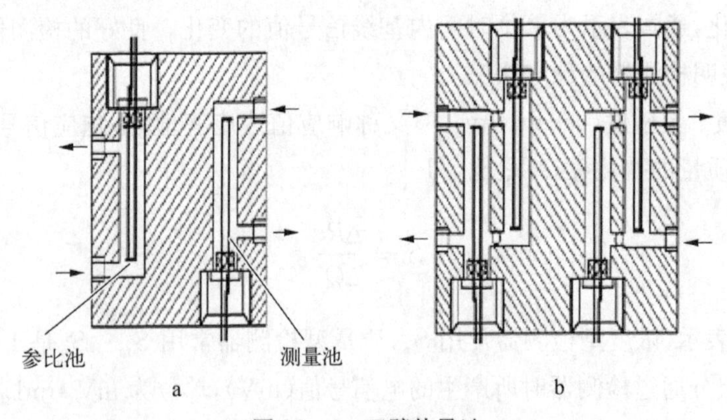

图 10-4 双臂热导池

a. 与四臂热导池；b. 检测原理示意图

(2) 氢火焰离子化检测器：氢火焰离子化检测器(hydrogen flame ionization detector, FID)的工作原理是，以氢气和空气燃烧的火焰作为能源，利用含碳有机物在火焰中燃烧产生离子，然后在外加的电场作用下，使离子形成离子流，再根据离子流产生的电信号强度，检测被色谱柱分离出的组分(图 10－5)。该检测器灵敏度很高，比热导检测器的灵敏度高约 10^3 倍。火焰离子化检测器能检测大多数含碳有机化合物，具有线性范围宽、操作条件不苛刻、噪声小、死体积小的特点，是有机化合物检测常用的检测器。但其缺点是检测时样品会被破坏，一般只能检测那些在氢火焰中燃烧产生大量碳正离子的有机化合物，不能检测永久性气体、水、一氧化碳、二氧化碳、氮的氧化物、硫化氢等物质。

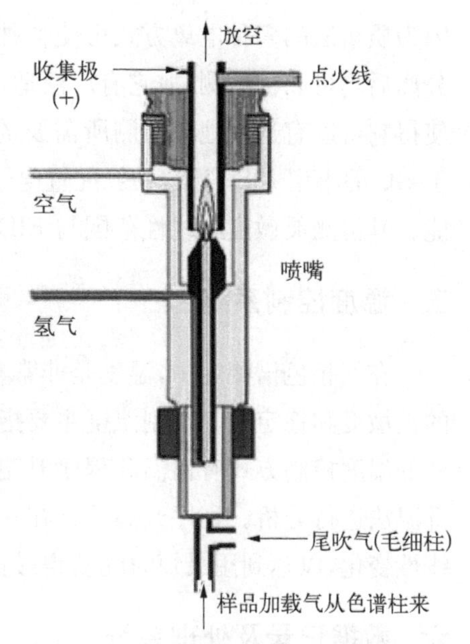

图 10－5　氢火焰离子化检测器结构示意图

(3) 电子捕获检测器：电子捕获检测器(electron capture detector，ECD)是一种用 ^{63}Ni 或 ^{3}H 作放射源的离子化检测器，主要用于检测含强电负性元素的化合物，如含卤素、硝基、羰基、氰基的化合物。它是分析痕量电负性有机化合物最有效的检测器，特别适合于环境中微量有机氯农药的检测。但这种检测器线性范围窄，检测器的性能易受操作条件的影响，分析的重现性较差。^{63}Ni 可在较高温度(300～400℃)下使用，半衰期长，所以一般用 ^{63}Ni 作为放射源。

(4) 其他检测器：除上述检测器外，气相色谱中还用到氮磷检测器(NPD)、火焰光度检测器(FPD)、质谱检测器(MSD)等。

氮磷检测器又称热离子检测器(TIC)，属质量型检测器。它是测定含氮、磷化合物的专属型检测器，具有高灵敏度、高选择性、线性范围宽的特点。它已被广泛用于农药、石油、食品、药物等多个领域，用于含氮、含有机磷农药残留量的测定。

火焰光度检测器又称硫磷检测器(SPD)，属于质量型检测器。它对含硫、磷化合物的灵敏度和选择性高，主要用于检测大气中痕量硫化物、水中或农副产品及中药中有机硫和有机磷农药残留量。

质谱检测器是一种质量型、通用型检测器，其原理与质谱相同。它不仅能给出一般 GC 检测器所能获得的色谱图(总离子流色谱图)，而且能够给出每个色谱峰所对应的质谱图。通过计算机对标准谱库的自动检索，可提供化合物分析结构的信息，因此是 GC 定性分析的有效工具，常称为气相色谱-质谱联用(GC－MS)分析，是将色谱的高分离能力与 MS 的结构鉴定能力结合在一起的分析方法。GC－MS 联用的优点如下：① 气相色谱作为进样系统，将待测样品进行分离后直接导入质谱进行检测，这样既满足了质谱分析对样品单一性的要求，又省去了样品制备、转移的烦琐过程，从而不仅避免了样品受污染，而且对于质谱进样量还能有效控制，也减少了质谱仪器的污染，极大地提高了对混合物的分离、定性、定量分析效率；② 质谱作为检测器，检测的是离子质量，获得的是化合物的质谱图，这就解决了气相色谱定性的局限性，既是一种通用型检测器，又是有选择性的检测器。

因为质谱法的多种电离方式可使各种样品分子得到有效的电离，所有离子经质量分析器分离后均可以被检测，故它有广泛适用性。而且质谱的多种扫描方式和质量分析计算，也使得它可以有选择地只检测所需要的目标化合物的特征离子。MSD实际上是一种专用于GC的小型MS仪器，一般配置电子轰击(EI)和化学电离(CI)源，也有直接MS进样功能。其检测灵敏度和线性范围与FID接近，采用选择离子检测(SIM)时灵敏度更高。

五、温度控制系统

在气相色谱测定中，温度是非常重要的指标，它直接影响色谱柱的选择分离、检测器的灵敏度和稳定性。控制温度主要指对色谱柱炉、气化室、检测器三处的温度控制。色谱柱的温度控制方式有恒温和程序升温两种。对于沸点范围很宽的混合物，往往采用程序升温法进行分析。程序升温是指在一个分析周期内柱温随时间由低温向高温呈线性或非线性变化，以达到用最短时间获得最佳分离的目的。

六、数据记录及处理系统

数据记录及处理系统(data records and processing system)由记录仪、积分仪、色谱工作站组成。它将检测器输出的模拟信号进行采集、转换、计算，给出色谱图、色谱数据及定性与定量结果。现代气相色谱仪应用计算机和相应的色谱软件或色谱工作站，具有色谱操作条件选择、控制、优化、智能化等多种功能。

第二节　气相色谱分离条件的选择

在气相色谱中，色谱柱、柱温及载气的选择是分离条件选择的三个主要方面，目的在于提高柱效，降低板高，提高相邻组分的分离度。选择实验条件的主要依据是范氏方程和分离度与各种色谱参数的关系式。

一、色谱柱和固定相的选择

色谱柱的选择包括固定相与柱长两方面。增加柱长对分离有利，但增加柱长会使各组分的保留时间增加，延长分析时间。因此，在满足一定分离度的条件下，应尽可能使用较短的柱子。

常用的气相色谱固定相有固体固定相和液体固定相。固体固定相常用的有比表面积较大且吸附性较强的活性炭、弱极性活性氧化铝、碱及碱土金属的硅铝酸盐分子筛等，其适用于常温下O_2、N_2、CO、CH_4、NO等气体的相互分离。固体固定相的性能与制备和活化条件有很大关系，同一种固定相，在不同厂家或不同活化条件下，分离效果差异较大。它种类有限，通常应用于永久性气体和低沸点物质的分析，故应用有限。

液体固定相由惰性硅藻土或有机玻璃微球充当载体(担体)，并在小颗粒表面涂渍上一薄层固定液。固定液在常温下不一定为液体，但在使用温度下一定呈液体状态。固定液的种类繁多，一般为高沸点、难挥发的有机化合物。常用的有非极性固定液，如饱和烷烃和甲基硅油；含有少量的极性基团的中等极性固定液，如邻苯二甲烷二壬酪、聚酯等；含有较强的极性基团的强极性固定液，如氧二丙腈等，其用于分析极性化合物。极性固定液中特殊的一类是氢键型固定液，如聚乙二醇、三乙醇胺等，主要用于分析含 N/F/O 的化合物。

对固定液的选择没有规律性可循。一般可按“相似相溶”原则来选择。在应用时，应按实际情况而定：① 分离非极性物质，一般选用非极性固定液，这时试样中各组分按沸点次序流出，沸点低的先流出，沸点高的后流出；② 分离极性物质，选用极性固定液，试样中各组分按极性次序分离，极性小的先流出，极性大的后流出；③ 分离非极性和极性混合物，一般选用极性固定液，这时非极性组分先流出，极性组分后流出；④ 分离能形成氢键的试样，一般选用极性或氢键型固定液。试样中各组分按与固定液分子间形成氢键能力的大小先后流出，不易形成氢键的先流出，最易形成氢键的最后流出；⑤ 复杂的难分离物质，可选用两种或两种以上混合固定液。对于极性情况未知的样品，一般用最常用的几种固定液做实验。

二、载气的选择

载气的种类主要影响峰展宽、柱压降和检测器的灵敏度。从范氏方程可知，当载气流速较低时，纵向扩散占主导地位，此时为提高柱效，宜采用相对分子质量较大的载气(如 N_2)；当流速较高时，传质阻力项占主导地位，此时为提高柱效，宜采用相对分子质量较低的载气(如 H_2或 He)。载气流速主要影响分离效率和分析时间。由范氏方程可知，为获得高柱效，应选用最佳流速，但所需分析时间较长。为缩短分析时间，一般选择载气速度要高于最佳流速，此时柱效虽稍有下降，但却节省了很多分析的时间。考虑到对检测器灵敏度的影响，用热导检测器时，应选用 H_2或 He 作载气；用氢火焰离子化检测器时，应选择 N_2作载气。

三、柱温的选择

柱温是一个重要的操作参数，其主要影响分配系数、容量因子以及组分在流动相和固定相中的扩散系数，从而影响分离度和分析时间。提高柱温可使气相、液相传质速率加快，有利于降低塔板高度，改善柱效；但增加柱温又使纵向扩散加剧，从而导致柱效下降。另外，为了改善分离效果和提高选择性，往往希望柱温较低，而这又会增长分析时间。

选择柱温的原则，一般是在使难分离物质达到要求的分离度条件下，尽可能采用低温。这样做的优点是可以增加固定相的选择性，降低组分在流动相中的纵向扩散，从而提高柱效，减少固定相的流失，延长柱寿命和降低检测器的噪声影响。对于宽沸程样品，需采用程序升温法进行分离，即在分析过程中按一定速度提高柱温。在程序开始时，柱温较低,低沸点的组分得到分离,中等沸点的组分则移动很慢,而高沸点的组分还停留于柱口附近;随着温度上升,这样组分由低沸点到高沸点依次分离出来,如图 10－6 所示。由图中可以看出,采用程序升温后不仅可以改善分离效果,而且可以缩短分析时间,得到的峰形也很理想。

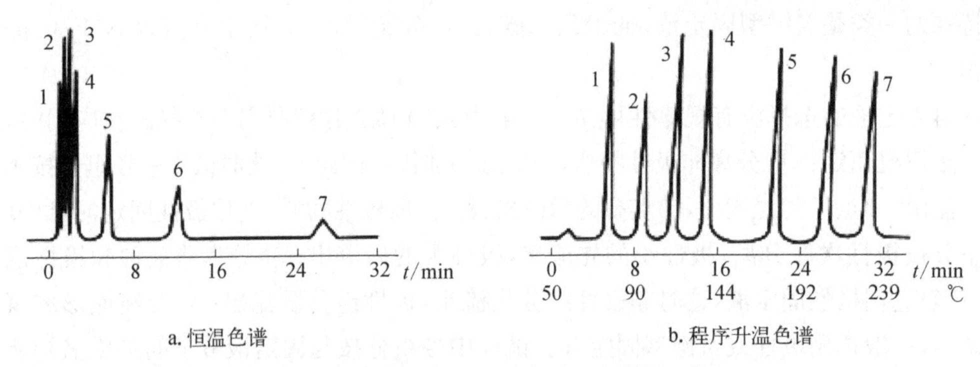

图 10－6　烷烃恒温和程序升温色谱图比较

四、进样量的选择

进样量的多少直接影响谱带的初始宽度。因此,只要检测器的灵敏度足够高,进样量越少,越有利于得到良好的分离。一般情况下,柱越长,管径越粗,组分的容量因子越大,则允许的进样量就越多。通常填充柱的进样量为:气体样品 0.1～1 mL,液体样品 0.1～1 μL,最大不超过 4 μL。此外,进样速度要快,进样时间要短,以减少纵向扩散,有利于提高柱效。

五、气化温度的选择

气化温度的选择主要取决于待测试样的挥发性、沸点范围及稳定性等因素。气化温度一般选组分的沸点或稍高于其沸点,以保证试样完全气化。对于热稳定性较差的试样,气化温度不能过高,以防试样分解。对于一般的气相色谱分析,气化温度比柱温高 10～50℃即可;检测器温度一般高于柱温 30～50℃或等于气化室温度。

第三节　气相色谱法的应用

气相色谱法(GC)作为一种现代化的分离分析手段,在生命科学等相关领域中有着相当广泛的应用。

一、气相色谱在药物和临床分析中的应用

尽管在药物及临床分析中高效液相色谱有很多的应用,但从近几年的文献也可以看出,气相色谱在药物和临床分析中的应用也有很多。实际上气相色谱方法简单、易于操作,如

果用气相色谱可以满足分析要求，它应该是首选的方法。特别是把 GC 和 MS 结合起来的方法是一种集分离和鉴定、定性与定量于一体的方法。如果把固相微萃取(SPME)和 GC 或 GC-MS 结合在一起，又把样品处理及定性与定量结合于一体，那么在临床分析中就很有意义。例如，天然药材的成分分析。天然药材中的成分非常复杂，不同产地不同批次的药材之间也存在着差异。如果将 GC 与 MS(质谱)联用，不仅可以得到不同物质的含量，还可以同时得到这些物质的结构信息。而且，将这些结果反映在一张图谱上，对中药的质量控制以及促进中药的现代化有着非常重要的意义。虽然目前 HPLC-MS 是中药的主要手段，但是近数十年来，GC-MS 在指纹图谱方面的采用也得到了一定的发展，它日后的应用仍是大有可为的。

GC 近年在痕量分析方面有了长足的发展，可用来快速研究生物体内代谢反应。由于生物代谢反应时，很多物质的产生量非常小，而且存在时间短，所以 GC 在对人体代谢产物的分析方面显现了非常明显的优势。

二、气相色谱在农药残留检测方面的应用

当今世界把食品安全作为头等大事，食品和药物中污染物、有害物质检测技术的研究日益受到重视。农作物(包括药用植物)中大量使用杀虫剂、除草剂、除真菌剂、灭鼠剂、植物生长调节剂等，在大大提高农作物产量的同时，也致使农产品、畜产品中农药残留量超标，对人类的健康带来了很大的负面影响。因此，急需研究开发快速、可靠、灵敏和实用的农药残留检测技术。该技术是复杂混合物中痕量组分分析技术，农残分析既需要精细的微量操作手段，又需要高灵敏度的痕量检测技术。自 20 世纪 60 年代以来，气相色谱技术得到飞速发展，许多灵敏的检测器开始应用，解决了过去许多难以检测的农药残留问题。

三、气相色谱在食品和环境污染物分析中的应用

食品分析涉及营养成分分析和食品添加剂分析。在这两个方面气相色谱都能发挥其优势。例如，重要的营养组分(如脂肪酸、糖类)都可以用 GC 进行分析。食品添加剂有千余种，其中有许多都可用 GC 来检测。气相色谱法还可以进行大气、室内气体、各种水体和其他类型污染物的分析研究与测定。目前许多新的色谱技术已进入实用阶段，如毛细管电泳技术(CE)、色谱-质谱联用技术(GC-MS、HPLC-MS、CE-MS 等)、固相萃取技术(SPE)、超临界流体色谱技术(SFC)以及最新出现的全二维气相色谱等。这些新技术的综合应用，大大提高了食品中农、兽药残留分析的灵敏度，简化了分析步骤，提高了分析效率，并使分析检测结果的可靠性得到进一步确证。

随着社会的不断进步，人们对气相色谱的研究将会越来越深入，使其朝更高灵敏度、更高选择性、更方便快捷的方向发展，并不断推出新的方法来解决可能遇到的新的分析难题。计算机网络的飞速发展也为这些领域的发展创造了更好的机遇与更广阔的发展空间。

思 考 题

1. 气相色谱仪主要包括哪几部分？简述各部分的作用。

2. 简述用气相色谱法分离某二元混合物时，柱温增加对保留时间、柱效、分离度的影响。

3. 简述气相色谱法中对固定液的要求以及选择固定液的原则。

4. 在气相色谱分析中载气种类的选择应从哪几方面加以考虑？载气流速的选择又应如何考虑？

5. 举例说明气相色谱法有哪些方面的应用？

6. 对于气相色谱分析，柱温的选择主要考虑哪些因素？

7. 简述气相色谱程序升温的作用。

第十一章　高效液相色谱分离技术

高效液相色谱法(high performance liquid chromatography, HPLC)又称高压液相色谱分离技术，是一种以液体为流动相的柱色谱分离技术。在液相色谱普及之前，纸色谱法、气相色谱法和薄层色谱法是色谱分析法的主流。在液相色谱法初始阶段，采用的柱是大直径的玻璃管柱，且在室温和常压下用液位差来输送流动相，这被称为经典液相色谱法。此方法柱效低、时间长(常有几个小时)。到了20世纪60年代后期，以经典液相色谱为基础，将已经发展得比较成熟的气相色谱的理论与技术应用到液相色谱上来，在技术上采用了高效固定相、高压输液系统和高灵敏度的在线检测器，从而使液相色谱得到了迅速发展。具有这些优良性能的液相色谱仪于1969年被商品化，特别是填料制备技术、检测技术和高压输液泵性能的不断改进，使液相色谱分析实现了高效化和高速化。气相色谱只适合分析较易挥发且化学性质稳定的有机化合物，而HPLC则适合于分析那些用气相色谱难以分析的物质，如挥发性差、极性强、具有生物活性、热稳定性差的物质。目前HPLC的应用范围已经远远超过气相色谱，位居色谱法之首。高效液相色谱法已成为应用极为重要、广泛的分离分析手段。

第一节　高效液相色谱仪的结构

高效液相色谱仪由高压输液系统、进样系统、分离系统、检测系统、数据处理系统与自动控制单元五大部分组成，如图11－1所示。此外，它还可根据需要配置流动相在线脱气装置、梯度洗脱装置、自动进样系统、柱后反应系统和全自动控制系统等。按照使用目的

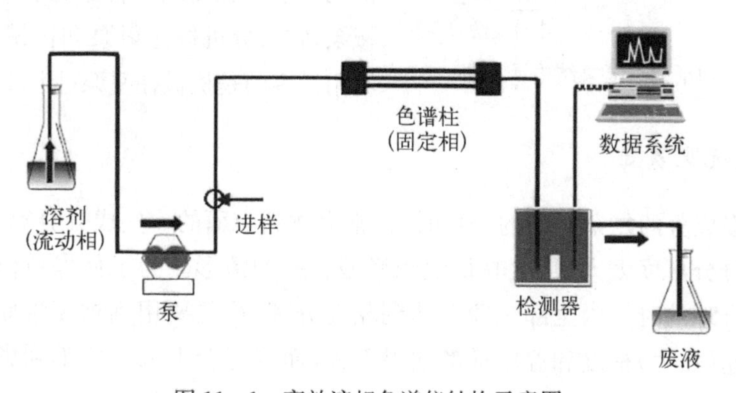

图11－1　高效液相色谱仪结构示意图

可将它分为分析型和制备型两种，两种类型的仪器结构原理是相同的。制备型高效液相色谱仪通常称为快速蛋白液相色谱仪（fast protein liquid chromatography，FPLC）。FPLC是专门用来分离制备蛋白质、多肽及多核苷酸的系统，它不但保持了HPLC的快速、高分辨率等特性，而且还具有柱容量大、回收效率高及不易使生物大分子失活等特性。因此，它在分离制备蛋白质、多肽及寡核苷酸等方面得到了广泛应用。

一、高压输液系统

高压输液系统由溶剂储存器、高压泵、梯度洗脱装置和压力表等组成。溶剂储存器一般由玻璃、不锈钢或氟塑料制成，容量为1～2 L，用来储存足够数量且符合要求的流动相。

1. 高压输液泵

高压输液泵是高效液相色谱仪中关键部件之一，其功能是将溶剂储存器中的流动相以高压形式连续不断地送入液路系统，从而使样品在色谱柱中完成分离过程。由于液相色谱仪所用色谱柱径较细，所填固定相粒度很小，因此，固定相对流动相的阻力较大，为了使流动相能较快地流过色谱柱，就需要用高压泵来注入流动相。对输液泵的要求：① 泵体材料能耐化学腐蚀；② 能在高压下连续工作，通常要求耐压40 MPa左右，且可连续工作十几个小时以上；③ 输出流量范围宽，分析型为0.1～10 mL/min，制备型为1～100 mL/min；④ 输出流量稳定，重复性高，这样可以降低基线噪声并获得较好的检测下限。

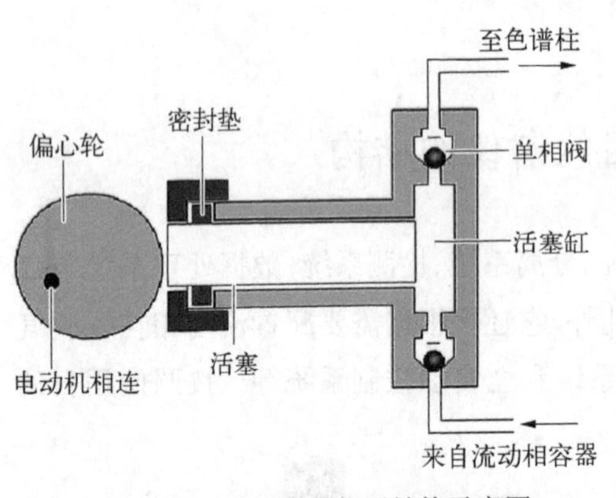

图11-2 单活塞往复泵结构示意图

常用的输液泵分为恒流泵和恒压泵两种。恒流泵特点是在一定操作条件下，输出流量保持恒定且与色谱柱引起的阻力变化无关；而恒压泵是指能保持输出压力恒定，但其流量随色谱系统阻力不同而变化，故保留时间的重现性差。总之，两者各有优缺点。目前恒流泵正逐渐取代恒压泵。恒流泵又称机械泵，它又分机械注射泵和机械往复泵两种，应用最多的是机械往复泵（图11-2）。

2. 梯度洗脱装置

在进行多成分的复杂样品的分离时，经常会碰到前面的一些成分分离不完全，而后面的一些成分分离度太大，且出峰很晚和峰型较差的情形。为了使保留值相差很大的多种成分在合理的时间内全部洗脱并达到相互分离，往往要用到梯度洗脱技术。在液相色谱中流速（压力）梯度和温度梯度效果不大，而且还会带来一些不利影响，因此，液相色谱中通常所说的梯度洗脱是指流动相梯度，即在分离过程中改变流动相的组成或浓度。

在分离过程中逐渐改变流动相组成的装置即为梯度洗脱装置。梯度洗脱时，流动相的输送就是要将几种组成的溶液按照一定的程序混合后送到分离系统，因此，梯度洗脱装置就是解决溶液的混合问题，其主要部件有混合器和梯度程序控制器。根据溶液混合的方式可以将梯度洗脱分为高压梯度和低压梯度。如果只有一个泵，可采用低压混合设计，即将两种或以上的溶剂按一定比例混合，再由高压泵输出。在泵前安装了一个比例阀，混合就在比例阀中完成。如果有两个泵，即两个高压泵分别按设定的比例输送 A 和 B 两种溶液至混合器，混合器是在泵之后，即两种溶液是在高压状态下进行混合的。高压梯度系统的主要优点是，只需通过梯度程序控制器控制每台泵的输出，就能获得任意形式的梯度曲线，而且精度很高，易于实现自动化控制。

二、进样系统

进样系统包括进样口、注射器和进样阀等，其作用是把分析试样有效地送入色谱柱进行分离。当用六通进样阀进样时，首先使手柄处于装载样(load)位置，样品经微量进样针从进样孔注射进定量环，定量环充满后，多余样品从放空孔排出；然后转动手柄到进样(inject)位置时，阀与液相流路接通，此时储存在管内的样品被流动相带入色谱柱。进样体积是由进样环容积限制的，如图 11－3 所示。六通进样阀是最理想的进样器，它具有耐高压(一般可达 40 MPa)、进样量准确、重复性好(RSD<0.5%)、操作方便等优点。目前由计算机控制的自动进样装，可以按照预先编制的进样程序自动完成进样工作。

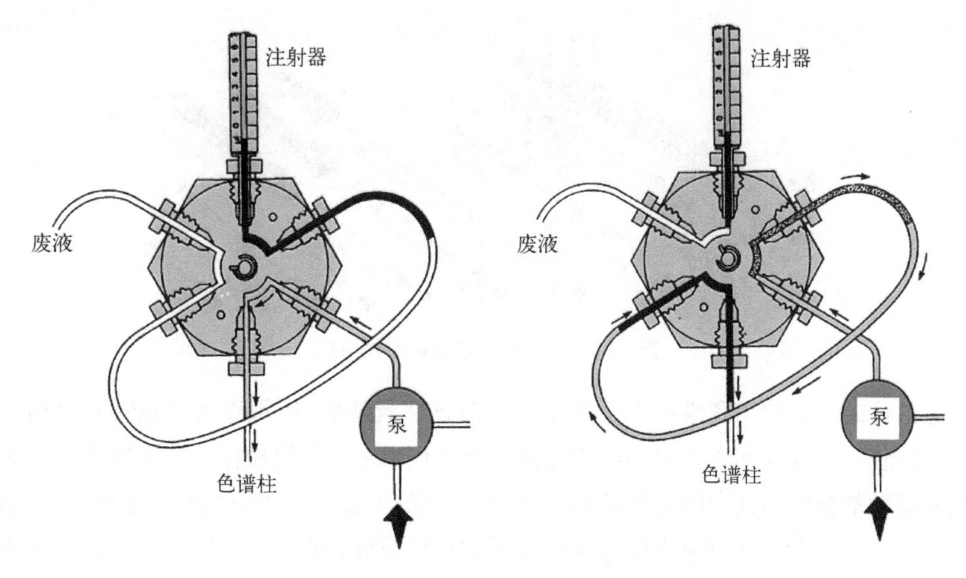

图 11－3　六通阀结构示意图

左图为装样状态，右图为进样状态

三、分离系统

1. 色谱柱

分离系统包括色谱柱、恒温器和连接管等部件。色谱柱是高效液相色谱仪分离系统的心脏部件，由柱管、筛板、柱接头等组成，如图 11-4 所示。柱管多为抛光的优质不锈钢直形管，以减少管壁效应。固定相采用匀浆法高压装柱(80～100 MPa)。每根柱端都有一块多孔性(孔径 1 μm 左右)的金属烧结隔膜片(或多孔聚四氟乙烯片)，用以阻止填充物逸出或注射口带入颗粒杂质。当反压增高时色谱柱应予更换。

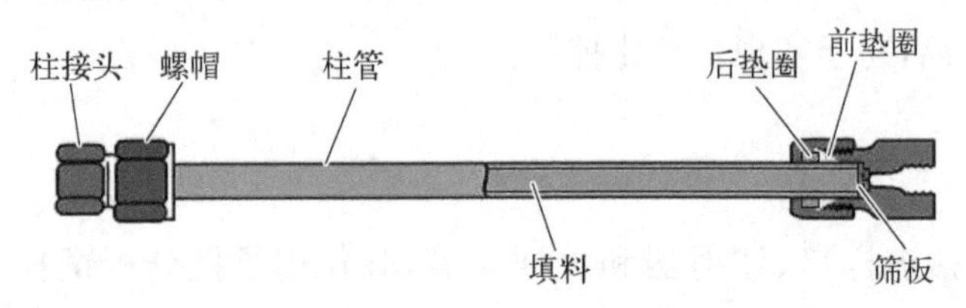

图 11-4 液相色谱柱结构示意图

根据色谱柱内径的不同，可分为微径柱、分析柱、快速柱、半制备柱、制备柱等，它们适用于不同的分离分析目的。常规分析柱内径 2～5 mm，柱长 10～25 cm，填料粒径 5～10 μm，用于常规的分离分析；快速分析柱的内径 1～2 mm，柱长 5～10 cm，填料粒径为 1.7～2 μm；制备柱内径一般为 20～40 mm，柱长 10～30 cm。图 11-5 为用于分析型和制备型的各种色谱柱。安装色谱柱时应使流动相流路的方向与色谱柱标签上箭头所示方向一致。

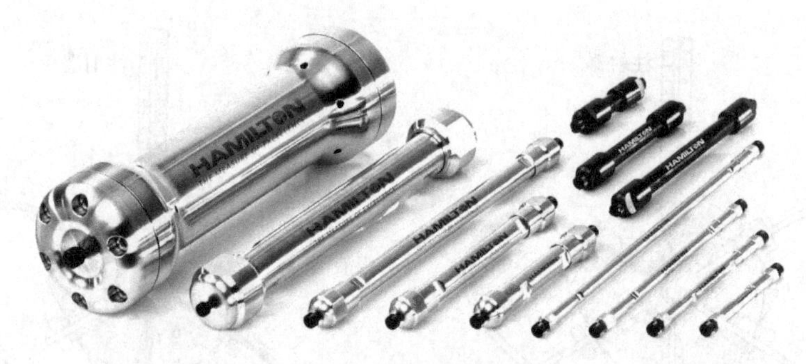

图 11-5 分析型和制备型色谱柱

色谱柱的正确使用和维护十分重要。为防止柱效降低、使用寿命缩短甚至色谱柱损坏，应避免压力、温度和流动相的组成比例急剧变化以及任何机械振动。温度突然变化或者机械振动都会影响柱内固定相的填充状况；柱压的突然升高或降低也会冲动柱内填料。一般在色谱柱前需安装对色谱柱起保护作用的预柱或保护柱，长度 5～10 mm，内部充填与分离色谱柱相同的固定相，以防止不溶性颗粒物进入色谱柱造成堵塞，并将强保留组分截留在预柱上，防止其进入色谱柱而造成污染，从而延长色谱柱的使用寿命。

2. 柱恒温箱

色谱柱的工作温度对保留时间、溶剂的溶解能力、色谱柱的性能、流动相的黏度都有影响。柱温是液相色谱的重要参数，精确控制柱温可提高保留时间的重复性。一般而言，HPLC 色谱柱的操作温度对分析结果的影响不像 GC 柱温的影响那么大。一方面，流动相中有机溶剂高温下易挥发；另一方面，较高柱温又能增加样品在流动相中的溶解度，缩短分析时间。因此，HPLC 常用柱温为室温。

3. 色谱柱的性能评价

色谱柱性能指标包括在一定实验条件下的柱压、塔板高度 H、板数 n、拖尾因子 T、保留因子 k 和分离因子 α 的重复性或分离度 R。购买新的色谱柱或放置一段时间的色谱柱，使用前都需检验色谱柱的性能是否符合要求。检验条件可参考色谱柱附带的说明手册或检验报告。

四、检测系统

检测器的作用是将流出色谱柱的洗脱液中组分的量或浓度定量转化为可供检测的电信号。检测器应具有灵敏度高、响应快、噪声低、线性范围宽、重复性好、适用范围广、死体积小、对流动相流量和温度波动不敏感等特性。检测器按其适用范围可分为通用型和专属型，专属型检测器有紫外检测器、荧光检测器和电化学检测器，通用型检测器有蒸发光散射检测器和示差折光检测器等。目前应用较多的是紫外检测器、示差折光检测器、蒸发光散射检测器和荧光检测器。

1. 紫外检测器

紫外检测器(ultraviolet detector, UVD)是高效液相色谱应用最普遍的检测器，其光路系统和紫外分光光度计相似，只是吸收池中的液体是流动的(故称流通池)，因而检测是动态的，如图 11-6 所示。当流出色谱柱的试样组分通过流通池时，检测对特定波长紫外光的吸收光强的变化，从而获得流动相中待测组分的含量。该检测器具有灵敏度、精密度及线性范围均较好的优点，其缺点是不适用于无紫外光吸收的物质，且对流动相有一定的限制，即流动相的截止波长应小于检测波长。目前广泛使用光电二极管阵列检测器。

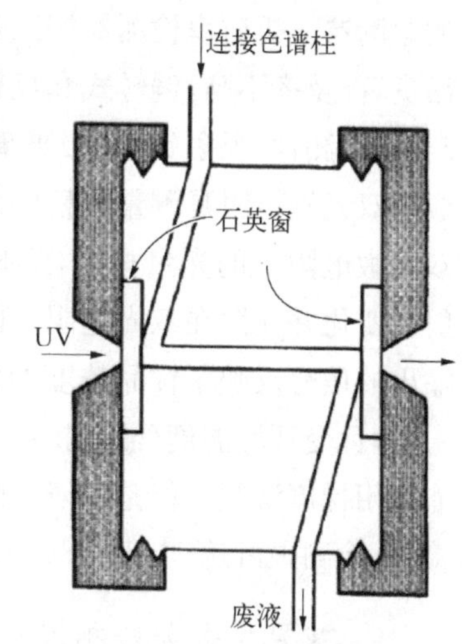

图 11-6　高效液相色谱紫外检测器结构示意图

光电二极管阵列检测器(photo-diode array detector, PAD)，又称为二级阵列管检测器。它是 20 世纪 80 年代出现的一种光学多通道检测器。在晶体硅上紧密排列一系列光电二极管，每个二极管相当于一个单色器的出口狭缝，二极管越多，则分辨率越高。二极管阵列检测器的光路，采用钨灯和氘灯组合光源。它与普通紫外吸收检测器的区别在于进入流通池的不再是单色光，获得的检测信号不是在单一波长上，而是在全部紫外光波长上的色谱信号，如图 11－7 所示。用二极管阵列装置可以同时获得样品的色谱图及每个色谱图组分的吸收光谱，色谱图用于定量，光谱图用于定性。

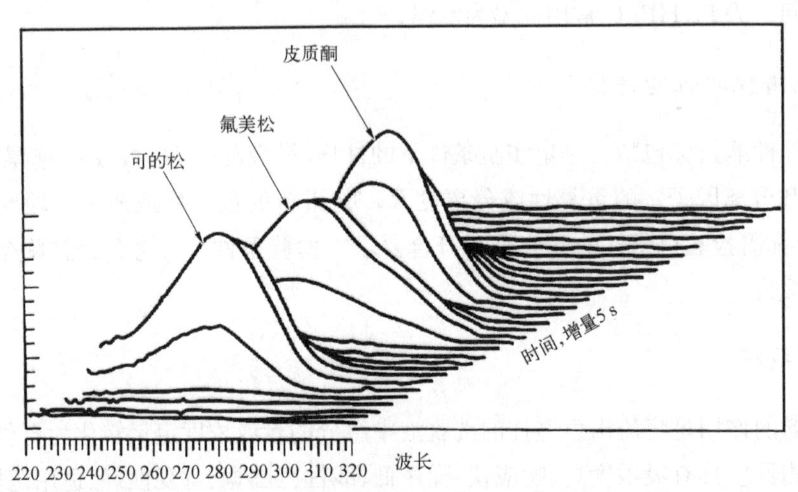

图 11－7　光电二极管阵列检测器获得的三维色谱图

2. 示差折光检测器

示差折光检测器(refractive index detector, RID)又称折射率检测器，是一种通用型检测器。它是根据折射原理设计的，是可连续检测样品流路与参比流路间液体折光差值的检测器。折射率检测器按工作原理可分为反射式、偏转式和干涉式三种。干涉式价格昂贵，普及率不高，偏转式和反射式应用较多。以偏转式为例，检测器的光学元件由光源、凸镜、检测池、反射镜、平板玻璃、双光敏电阻等组成，检测池由串联的参比池和测量池组成。双光敏电阻是测量电桥的两个桥臂。当参比池和测量池中流过相同的溶剂时，照在双光敏电阻上的光量相同，此时桥路平衡，输出为零。当测量池中流过试样时，将引起折射率变化并使照在双光电阻上的光束发生偏转，双光敏电阻阻值发生变化，此时，由电桥输出的信号反映了样品浓度的变化。该检测器对大多数物质灵敏度较低，不适用于痕量检测，且受环境温度(需保持在±0.001 摄氏度范围内)、流动相组成等波动的影响较大，不能采用梯度洗脱。但是，该检测器对少数类别的物质灵敏度较高，目前主要应用于糖类的检测，检测限可达 1×10^{-8} g/mL。

3. 蒸发光散射检测器

蒸发光散射检测器(evaporative light scattering detector, ELSD)是 20 世纪 90 年代

出现的最新型的通用检测器，由澳大利亚 Union Carbide 研究室开发。ELSD 与示差折光检测器和紫外检测器相比，它消除了由溶剂的干扰和温度变化引起的基线漂移，故特别适用于梯度洗脱。它利用流动相与被检测物质之间蒸汽压的相对差异，在流动相挥发除去的基础上，不挥发性组分颗粒可以使激光光源发出光散射。接收到散射之后的光信号被硅光二极管记录，信号的强弱取决于样品颗粒的大小及数量。上述过程可分解为雾化过程、蒸发过程和检测过程。流动相的蒸发速度与漂移管的加热温度（一般在 120℃左右）和在雾化器中形成的雾状液滴（或称气溶胶）通过漂移管的速度有关。雾化过程及雾状液滴的流动是在通入的 N_2 流（一般为 2 L/min）的作用下完成的。此外，它还具有雾化器和漂移管的易于清洗、流动池体积小、喷雾气体 N_2 消耗量少等优势，因此，蒸发光散射检测器的应用越来越广。其最大的优越性是能检测不含发色团的化合物，只要挥发性小于流动性的物质都可以检测，这拓宽了高效液相色谱在药物分析中的应用。它主要用于糖类、高分子化合物、高级脂肪酸、磷脂、维生素、氨基酸、表面活性剂、甘油三酯以及甾体类化合物等物质的分析检测。

4. 荧光检测器

荧光检测器（fluorescerlce detector, FLD）是利用试样在受紫外光激发后能发射比原来吸收波长更长的光且大多数为可见光的性质来进行检测的。荧光检测器是一种具有高灵敏度和高选择性的检测器。激发光源是氙灯，可发射 250～600 nm 连续波长的强激发光。光源发出的光经透镜、激发单色器后，分离出具有特定波长的激发光并聚焦在流通池上。流通池中的溶质受激发后产生荧光，此荧光强度与产生荧光物质的浓度成正比。此荧光通过透镜聚光，再经发射单色器，选择出所需检测的特定发射光波长，聚焦在光电倍增管上，将光能转变成电信号并被记录下来。目前使用的荧光检测器多是具有流通池的荧光分光光度计。荧光检测器的检测限可达 1×10^{-10} g/L，较紫外检测器灵敏度要高。但是它只限于能产生荧光或衍生物的测定，主要用于氨基酸、多环芳烃、维生素、甾体化合物及酶等的检测。能产生强荧光的物质一般具有大的共轭 π 键的刚性平面结构，例如，长共轭结构的芳香环、杂环，一些取代基—NH_2、—OH、—OCH_3 和—CN 等。由于荧光检测器的灵敏度高，因此它是体内药物分析常用的检测器之一。荧光检测器的灵敏度比紫外检测器高 100 倍左右，且可用于梯度洗脱，故是对痕量组分进行检测的重要工具之一。需要注意的是，分析中不能使用可猝灭、抑制或吸收荧光的溶剂作流动相。此检测器现已在生物化工、临床医学检验、食品检验、环境监测中获得了广泛的应用。

5. 电化学检测器

电化学检测器（electrochemical detector, ECD）是根据电化学原理，通过测量物质的电信号变化来对具有氧化还原性质的化合物进行分析检测的。例如，含硝基、氨基等基团的有机化合物以及含无机阴、阳离子等的试样均可采用电化学检测器进行检测。电化学检测器按照用途不同可分为伏安检测器(如极谱、库仑、安培检测器等)和电导检测器,其中,伏安检测器主要用于具有氧化还原性质的化合物检测,电导检测器主要用于离子检测。电化学检测器中安培检测器应用最为广泛,脉冲式安培检测器最为常用。

6. 质谱检测器

质谱检测器是采用高速电子来碰撞气态分子或原子,将电离后的正离子或负离子加速导入质谱分析器中,然后按照质荷比(m/z)的大小顺序进行收集和记录。质谱检测器在化合物的相对分子质量和结构信息等方面具有其他检测器无法企及的优势,其检测限可达 1×10^{-14} g/L。质谱检测器作为一种新型检测器与液相色谱联用(liquid chromatography mass spectrometry, LC-MS),可发挥其定性鉴别与结构分析的优势,是目前应用最为广泛的色谱-质谱联用技术之一。

五、数据处理系统与自动控制单元

数据处理系统又称色谱工作站。它可对分析全过程(分析条件、仪器状态、分析状态)进行在线显示,自动采集、处理和储存分析数据。一些配置了积分仪或记录仪的老型号液相色谱仪在很多实验室还在使用,但近年新购置的色谱仪,一般都带有数据处理系统,使用起来非常方便。

自动控制单元是将各部件与控制单元连接起来,在计算机上通过色谱软件将指令传给控制单元来对整个分析实现自动控制,从而使整个分析过程全自动化。有的色谱仪没有设计专门的控制单元,而是每个单元分别通过控制部件与计算机相连,通过计算机分别控制仪器的各部分。

第二节　高效液相色谱分离原理

一、液-固吸附色谱法

液-固吸附色谱法(liquid-solid chromatography)是以吸附剂为固定相的色谱方法,也称为吸附色谱法。固定相通常是活性硅胶、氧化铝、活性炭、聚乙烯、聚酰胺等固体吸附剂,其中使用最多的吸附色谱固定相是硅胶。流动相一般使用一种或多种有机溶剂的混合溶剂,如正构烷烃(己烷、戊烷、庚烷等)、二氯甲烷/甲醇、乙酸乙酯/乙腈等。在吸附色谱中,不同的组分由于和固定相吸附力不同而被分离。组分的极性越大,固定相的吸附力越强,则保留时间越长。流动相的极性越大,洗脱力越强,则组分的保留时间越短。液-固吸附色谱法常用于分离极性不同的化合物、含有不同类型或数量官能团的有机化合物,以及有机化合物的不同的异构体;但液-固吸附色谱法不宜用于分离同系物,因为液-固色谱对不同相对分子质量的同系物选择性不高。

二、液-液分配色谱法

液-液分配色谱法(liquid-liquid partition chromatography)中的流动相和固定相是互不相溶的两种液态溶剂。液-液分配色谱的分离原理与液-液萃取类似，都是根据试样在流动相和固定相中的分配系数(K)不同而将其分离。液-液萃取不同的是，液-液分配色谱是在柱中进行，可反复多次进行分配平衡，从而造成各组分的差速迁移，提高了分离效率。该法可用于分离和分析多种类型的试样，包括极性的和非极性的，水溶性的和油溶性的，离子型的和非离子型的。按照固定相和流动相的极性不同，液-液分配色谱法可分为正相分配色谱法和反相分配色谱法两类。

正相分配色谱法(normal phase chromatography)简称正相色谱法，其固定相的极性大于流动相。试样分离时，极性小的组分由于 K 值较小而先流出，极性大的后流出。它适用于极性及中等极性化合物的分离。

反相分配色谱法(reverse phase chromatography)简称反相色谱法，其固定相的极性小于流动相。反相色谱法使用非极性固定相，例如，十八烷基硅烷键合硅胶、辛烷基硅烷键合硅胶等；而流动相常用水与甲醇、乙腈等的混合溶剂。试样分离时，极性大的组分因 K 值较小而先流出色谱柱，极性小的组分后流出。反相色谱法适用于非极性化合物的分离，是目前应用最广泛的高效液相色谱法。

三、离子交换色谱法

离子交换色谱法(ion exchange chromatography)是利用不同待测离子对固定相亲和力的差别来实现分离的。其固定相采用离子交换树脂，树脂上分布有固定的带电荷基团和可游离的平衡离子。待分析物质电离后产生的离子可与树脂上可游离的平衡离子进行可逆交换，其交换反应通式如下。

阳离子交换：

$$R—SO_3^- H^+ + M^+ \rightleftharpoons R—SO_3^- M^+ + H^+$$

阴离子交换：

$$R—NR_3^+ Cl^- + X^- \rightleftharpoons R—NR_3^+ X^- + Cl^-$$

被测组分中带电荷量少，亲和力小的先被洗脱下来，带电荷量多，亲和力大的后被洗脱下来。凡在溶液中能够电离的物质，通常都可以采用离子交换色谱法进行分离。它既可适用于无机离子混合物的分离，亦可用于有机物的分离，如核酸、氨基酸、蛋白质、糖类、有机胺和有机酸等。

四、体积排阻色谱法

体积排阻色谱法(steric exclusion chromatography)，又称分子排阻色谱法或分子筛凝胶色谱法。其分离机制根据分子体积大小和形状不同而达到分离目的。固定相凝胶是一种多孔性的高分子聚合体,表面布满孔隙,能被流动相浸润,吸附性很小。当组分被流动相带入色谱柱时,体积大的分子不能进入固定相的孔穴中,而随流动相直接通过色谱柱,保留时间最短;体积小的分子可以进入孔穴中,在色谱柱中的保留时间较长。分子的尺寸越小,可进入的空穴越多,保留时间也越长。因此,在一定范围内,体积不同的分子保留时间不同。空间排阻色谱主要用来分离大分子化合物,如多糖、蛋白质、多肽、酶以及多聚核苷酸等大分子。由于分子的尺寸和形状与相对分子质量相关,该法还可用于测定大分子化合物的相对分子质量。

体积排阻色谱法的应用特点是,适宜于分离相对分子质量差别大的化合物,不能分辨相对分子质量相近的化合物,相对分子质量相差需在10%以上时才能得到分离。

五、亲和色谱法

亲和色谱法(high performance affinity chromatography)是利用或模拟生物分子之间的专一性作用,从生物样品中分离和分析一些特殊物质的色谱方法。生物分子之间的专一性作用包括抗原与抗体、酶与抑制剂、激素和药物与细胞受体、维生素与结合蛋白、基因与核酸之间的特异亲和作用等。亲和色谱的固定相是将配基连接于适宜的载体上而制成的。该法是利用样品中各种物质与配基亲和力的不同而达到分离的。当试样通过色谱柱时,待分离物质与配基相互作用而停留在固定相上,其他物质由于与配基无亲和力而直接流出色谱柱,再用适宜的流动相将结合的待分离物质洗脱流出。例如,采用一定浓度的醋酸或氨溶液作为流动相,减少试样中待分离物质与配基的亲和力,使复合物解离,从而将被纯化的物质洗脱下来。亲和色谱法可用于生物活性物质的分离、纯化和测定,也可用来研究生物体内分子间的相互作用及其分子机制等。

第三节 高效液相色谱的固定相和流动相

在色谱分析中,如何选择最佳的色谱条件以实现最理想分离,是色谱工作者的重要工作,也是用计算机实现HPLC分析方法建立和优化的任务之一。不同类型的高效液相色谱法采用的固定相各不相同,但都应符合颗粒细且均匀、传质快、机械强度高、耐高压、化学稳定性好等要求。色谱过程中携带待测组分向前移动的液体称为高效液相色谱流动相。

一、高效液相色谱固定相

1. 化学键合固定相

化学键合固定相(chemically bonded phase)是通过化学反应将有机官能团键合在载体表面而构成的,简称键合相。化学键合相在HPLC中占据极其重要的地位,是目前色谱法中最常用的固定相，几乎适用于分离所有类型的化合物。

(1) 化学键合固定相的特点：① 化学性质稳定，热稳定性好，耐溶剂冲洗，使用过程中固定相不流失，柱使用寿命长；② 均一性和重现性好；③ 柱效高，分离选择性好；④ 载样量大；⑤ 适于梯度洗脱。其中耐溶剂冲洗是这类固定相的突出特点，且可以通过改变键合官能团的类型来改变分离的选择性。

但需注意，一般硅胶基质的化学键合相的流动相的pH应控制在2～8，否则会引起硅胶溶解，而硅-碳杂化硅胶为基质的键合相可适用于宽pH范围。不同厂家、不同批号的同一类型键合相因键合工艺不同而可能表现出不同的色谱特性。要获得好的分析结果，最好选择同一品牌甚至同一批号的固定相。

(2) 化学键合固定相的性质：化学键合相多采用微粒多孔硅胶为载体，硅胶表面的硅醇基能与合适的有机化合物反应而获得不同性能的化学键合相。按固定液(基团)与载体(硅胶)键合的化学键类型，可分为Si—O—C、Si—N、Si—C和Si—O—Si—C型键合相。其中硅氧烷(Si—O—Si—C)型键合相是以烷基氯硅烷或烷氧基硅烷与硅胶表面的游离硅醇基进行硅烷化反应而制得的，具有很好的耐热性和稳定性，是目前应用最广的键合相。例如，十八烷基键合相(octadecylsilane, ODS)就是由十八烷基氯硅烷与硅胶表面的硅醇基反应键合而成的。

$$\equiv Si-OH + Cl-\underset{R_2}{\overset{R_1}{Si}}-C_{18}H_{37} \xrightarrow{HCl} \equiv Si-O-\underset{R_2}{\overset{R_1}{Si}}-C_{18}H_{37}$$

硅胶表面的硅醇基密度约为5个/nm^2。由于键合基团的空间位阻效应，不可能将较大的有机官能团键合到全部硅醇基上。残余的硅醇基对键合相(特别是非极性键合相)的性能有很大影响。它可以减小键合相表面的疏水性，对极性溶质(特别是碱性化合物)产生次级化学吸附，从而使保留机制复杂化(使溶质在两相间的平衡速度减慢，降低了键合相填料的稳定性，结果使碱性组分的峰形拖尾)。为减少残余硅醇基，一般在键合反应后，要用三甲基氯硅烷等进行钝化处理，这称为封端(或称封尾，end-capping)，以提高键合相的稳定性。也有些ODS填料是不封尾的，以使其与水系流动相有更好的“湿润”性能。

(3) 化学键合相的种类：按所键合基团的极性不同，可分为非极性、弱极性与极性三类。

非极性键合相：这类键合相的表面基团为非极性烃基，如十八烷基(C_{18})、辛烷基(C_8)、甲基、苯基等，其可用作反相色谱的固定相。流动相极性大于固定相极性的色谱法称为反相色谱。十八烷基硅烷(C_{18}或ODS)键合相是最常用的非极性键合相。非极性键合相的烷基长链对溶质的保留、选择性和载样量都有影响。长链烷基可增大溶质的容量因子k，从而改善分离选择性，提高载样量，且稳定性也更好。因此，十八烷基键合相(C_{18}或ODS)是HPLC应用最广泛的固定相。《中国药典》(一部、二部)中的HPLC方法几乎都采用ODS柱。短链非极性键合相的分离速度较快，对于极性化合物可得到对称性较好的色谱峰。

极性键合相：常用氨基（—NH_2）键合相、氰基（—CN）键合相。它们分别将氨丙硅烷基、氰乙硅烷基键合在硅胶上制成，可用作正相色谱的固定相（流动相极性小于固定相极性的，称为正相色谱）。氨基键合相兼有氢键接受和给予性能。氨基可与糖分子中的羟基选择性作用，因此是分离糖类最常用的固定相。但是，氨基键合相不宜分离含羰基的物质，且流动相中也不能含有羰基化合物。氰基键合相分离选择性与硅胶相似，但极性比硅胶弱，其对双键异构体或含双键数不同的环状化合物有良好的分离选择性。许多在硅胶上分离的样品可在氰基键合相上完成。

弱极性键合相：常见的有醚基键合相和二羟基键合相，它们既可作正相，又可作反相色谱的固定相，视流动相的极性而定。目前这类固定相应用较少。

2. 凝胶色谱固定相

凝胶色谱法又称分子排阻色谱法、体积排阻色谱法。它是基于体积排阻的分离原理，通过具有分子筛性质的固定相来对不同分子体积的物质进行分离。它又可分为凝胶过滤色谱（GFC）和凝胶渗透色谱（GPC）。在生命科学研究领域中主要使用凝胶过滤色谱。凝胶色谱法使用的固定相主要有聚丙烯酰胺凝胶、交联葡聚糖凝胶、琼脂糖凝胶以及聚苯乙烯凝胶。

（1）聚丙烯酰胺凝胶：这是一种人工合成凝胶，是以丙烯酰胺为单位，由甲叉双丙烯酰胺交联而成的，经干燥粉碎或加工成形制成粒状。控制交联剂的用量可制成各种型号的凝胶。交联剂越多，孔隙越小。

（2）交联葡聚糖凝胶：Sephadex G 交联葡聚糖的商品名为 Sephadex。不同规格型号的葡聚糖用英文字母 G 表示，G 后面的阿拉伯数为凝胶得水值的 10 倍。例如，G－25 为每克凝胶膨胀时吸水 2.5 g，同样 G－200 为每克干胶吸水 20 g。交联葡聚糖凝胶的种类有 G－10、G－15、G－25、G－50、G－75、G－100、G－150 和 G－200。因此，“G”反映凝胶的交联程度、膨胀程度及分部范围。一般实验室中，分离蛋白质时采用 100～200 号筛目的 Sephadex G－200 效果较好，脱盐则用 Sephadex G－25、G－50，且用粗粒、短柱，流速快。Sephadex LH－20 是 Sephadex G－25 的羧丙基衍生物，能溶于水及亲脂溶剂，用于分离不溶于水的物质。

（3）琼脂糖凝胶：商品名很多，常见的有 Sepharose（瑞典，pharmacia）、Bio－Gel－A（美国 Bio－Rad）等。琼脂糖凝胶依靠糖链之间的次级链如氢键来维持网状结构。网状结构的疏密依靠琼脂糖的浓度而定。一般情况下，它的结构是稳定的，可以在许多条件下使用，如水、pH 4～9 范围内的盐溶液。琼脂糖凝胶在 40℃以上开始融化，也不能高压消毒，可用化学灭菌活处理。

（4）聚苯乙烯凝胶：商品为 Styrogel，具有大网孔结构，可用于分离相对分子质量 1 600～40 000 000 的生物大分子，适用于有机多聚物的相对分子质量测定和脂溶性天然物的分级。该凝胶机械强度好，洗脱剂可用甲基亚砜。

3. 亲和色谱固定相

亲和色谱法是利用或模拟生物分子之间的专一性作用，进行选择性分离，从生物样品中分离和分析一些特殊物质的色谱方法。亲和色谱就是把与目的产物具有特异亲和力的生物分子固定化后作为固定相，从而把目的产物从混合物中分离出来。生物分子之间的专一性作用包括抗原与抗体、酶与抑制剂、激素和药物与细胞受体、维生素与结合蛋白、基因与核酸之间的特异亲和作用等。

亲和色谱固定相是由基体(matrix)、间隔臂(spacer Arm)和配体(ligand)三部分构成。基体材料可分为天然有机高聚物、合成有机聚合物和无机载体材料三类。基体在偶联间隔臂之前还需进行活化预处理。在亲和色谱固定相中，需通过间隔臂将配体连接在基体上，由于间隔臂占据一定的机动空间，当配位体与被测定的生物分子(尤其是生物大分子)产生亲和作用时，这有利于克服存在的空间阻碍作用。在亲和色谱固定相上键联的配体，可分为生物特效配位体如抗原或抗体、染料配位体、定位金属离子配位体，包含配合物配位体、电荷转移配位体和共价配位体等。

被分离物质与配体的结合是可逆的，在改变流动相条件时两者还能相互分离。亲和色谱通过与待分离的物质有特异性结合能力的分子(配体)从混合物中纯化或浓缩某一分子，也可以用来去除或减少混合物中某一分子的含量。

4. 其他固定相

其他固定相主要有离子交换固定相。它采用离子交换树脂，树脂上分布有固定的带电荷基团和可游离的平衡离子。带有正电荷的称为阴离子交换树脂，而带有负电荷的称为阳离子树脂。吸附色谱固定相，又分为极性吸附色谱固定相和非极性吸附色谱固定相。前者主要有硅胶、氧化铝、氧化镁和硅酸镁分子筛等。后者有多孔微粒活性炭、多孔石墨化炭黑、高交联度苯乙烯-二乙烯苯共聚物的单分散多孔小球和碳多孔小球等。

二、高效液相色谱流动相

色谱过程中携带待测组分向前移动的物质称为流动相。液相色谱流动相是液体。液体作为流动相需符合以下性质要求。

1. 流动相的性质要求

与GC流动相不同，HPLC流动相为溶剂，它既有运载作用，又和固定相一样，参与对组分的竞争，因此溶剂的选择对分离十分重要。一个理想的液相色谱流动相溶剂应具有下列特性。

(1) 对待测物具一定极性和选择性。

(2) 使用UV检测器时,溶剂截止波长要小于测量波长;使用折光率检测器,溶剂的折光率要与待测物的折光率有较大差别。

(3) 高纯度。否则,基线不稳或产生杂峰,同时可使截止波长增加。

(4) 化学稳定性好。

(5) 适宜的黏度。黏度过高,柱压增加;黏度过低,易产生气泡。

2. 流动相的选择

(1) 流动相的极性:在化学键合相色谱法中,溶剂的洗脱能力直接与它的极性相关。在正相色谱中,溶剂的洗脱能力随流动相极性的增强而增加;而在反相色谱中,流动相的洗脱能力随极性的增强而减弱。正相色谱的流动相通常采用烷烃作基础溶剂,另加适量极性物质来调整极性。反相色谱的流动相通常以水作基础溶剂,再加入一定量的能与水互溶的极性调整剂,如甲醇、乙腈、四氢呋喃等。极性调整剂的性质及其所占比例对溶质的保留值和分离选择性有显著影响。一般情况下,甲醇-水系统已能满足多数样品的分离要求,且流动相黏度小、价格低,是反相色谱最常用的流动相。在分离含极性差别较大的多组分样品时,为了使各组分均有合适的分配系数并分离良好,有时采用梯度洗脱技术。

(2) 流动相的pH:采用反相色谱法分离弱酸($3 \leqslant pKa \leqslant 7$)或弱碱($7 \leqslant pKa \leqslant 8$)样品时,通过调节流动相的pH,以抑制样品组分的解离和增加组分在固定相上的保留,并改善峰形。这也称为反相离子抑制技术。对于弱酸,流动相的pH越小,组分的k值越大。当pH远远小于弱酸的pKa值时,弱酸主要以分子形式存在。弱碱则与之相反。分析弱酸样品时,通常在流动相中加入少量弱酸,常用50 mmol/L磷酸盐缓冲液和1%醋酸溶液。分析弱碱样品时,通常在流动相中加入少量弱碱,常用50 mmol/L磷酸盐缓冲液和30 mmol/L三乙胺溶液。流动相中加入有机胺可以减弱碱性溶质与残余硅醇基的强相互作用,从而减轻或消除峰拖尾现象。因此,在这种情况下有机胺(如三乙胺)又称为减尾剂或除尾剂。

凝胶色谱流动相的选择:凝胶色谱法中,主要依据凝胶的孔容及孔径分布与样品相对分子质量大小及相对分子质量分布的相互匹配来实现样品中不同组分的分离,而与样品、流动相之间的相互作用无关。因此,在凝胶色谱法中,并不采用通过改变流动相组成的方法来改善分离度。凝胶过滤色谱使用以水作基体,使用具有不同pH的多种缓冲溶液作流动相。凝胶渗透色谱则以有机溶剂为流动相,如四氢呋喃是最常用的流动相。

在凝胶色谱法中选择流动相主要考虑以下几点。

1) 用作流动相的溶剂应对样品有较好的溶解能力,尤其对于难溶高分子样品,应使其充分溶解,以获得良好的分离效果。

2) 流动相应与柱中填充的凝胶固定相相互匹配,能浸润凝胶,防止凝胶的吸附作用。

3）流动相应与所使用的检测器相匹配。目前凝胶渗透色谱多采用示差折光检测器，应使流动相的折光指数与被测样品的折光指数有尽可能大的差别，以提高检测的灵敏度。在凝胶过滤色谱中若使用紫外吸收检测器，应使用在检测波长无紫外吸收的溶剂作流动相。此外，还应考虑流动相的腐蚀性，它是否会损坏仪器部件、影响仪器使用寿命。

4）流动相的黏度往往影响柱效。由于高相对分子质量样品的扩散系数小，应尽可能采用低黏度溶剂。

在凝胶过滤色谱中，流动相的组成相似于亲和色谱法中使用的流动相。当使用亲水性有机凝胶（葡聚糖、琼脂糖、聚丙烯酰胺等）和硅胶或改性硅胶作固定相时，为消除体积排阻色谱法中不希望存在的吸附作用以及与基体的疏水作用，通常向流动相中加入少量无机盐，如 NaCl、KCl、NH_4Cl，以维持流动相的离子强度为 0.1～0.5 mol/L，同时减少上述副作用。若使用钠、钾、铵的硫酸盐、磷酸盐，其消除吸附作用的效果会更好。当需洗脱生物大分子蛋白质时，可向流动相中加入离液序列试剂（或称变性剂），如 6 mol/L 的盐酸胍、8 mol/L 脲或 0.1%十二烷基磺酸钠（SDS）、聚乙二醇 6 000（或 20 M），并应在低流速下（0.25～0.5 mL/min）下完成组分的分离。显然，当使用硅胶基质凝胶时，应使流动相的 pH 保持在 4～8，以免破坏硅胶键合相。

亲和色谱流动相的选择：在亲和色谱分析中，分离、纯化的对象皆为氨基酸、多肽、蛋白质、核碱、核苷、核苷酸、寡聚和多聚核苷酸、核糖核酸、脱氧核糖核酸以及酶、辅酶、寡糖、多糖等生物分子，其中大多数为极性化合物，不少还具有生物活性。因此，当从固定相上将它们洗脱下来时，需使用 pH 接近于中性的稀缓冲溶液，以在比较温和的洗脱条件下，保持其生物活性。此外，在亲和色谱分离中，生物分子与各种亲和配位体生成络合物的稳定常数较小，皆为可逆络合物，在大多数情况下，可使用非选择性洗脱法，实现不同组分的分离。对于形成锁匙结构后亲和作用特别强的情况，必须采用特效性洗脱法或特殊洗脱方法，即使用含有特定组分、具有超强洗脱能力的流动相进行洗脱。亲和色谱分析使用的流动相主要是由磷酸盐、硼酸盐、乙酸盐、柠檬酸盐构成的具有不同 pH 的缓冲溶液体系，由机碱三羟甲基氨基甲烷（trihydroxymethl aminomethane，Tris）与盐酸、顺丁烯二酸构成的缓冲溶液体系也使用较多。配体与被分离特异物质的结合需要合适的流动相 pH 和缓冲液盐浓度。流动相 pH 不仅调节被分离物质的电荷基团，也影响配体的电荷基团，从而影响配体与被分离特异物质的结合能力。中等盐浓度缓冲液能稳定溶液中蛋白质和防止由离子交换所引起的非特异性相互作用。

离子交换色谱流动相的选择：离子交换色谱所用流动相大都是一定 pH 和盐浓度（或离子强度）的缓冲溶液。通过改变流动相中盐离子的种类、浓度和 pH 可调节洗脱能力，改变选择性。如果增加盐离子的浓度，则可增加流动相的洗脱能力，从而降低被测组分离子在固定相上的保留值。流动相的 pH 可保持试样中的组分处于不同离解状态，各组分方可被有效分离。增加 pH 可增大酸的解离度，降低碱的解离度；降低 pH，则结果相反。

第四节　高效液相色谱法的应用

高效液相色谱仪(HPLC)多指分析型色谱仪器,属于微量分析,而制备或半制备型的色谱仪器,通常称为层析仪,或者称为蛋白/核酸纯化系统。高效液相色谱是一种分离分析方法,具有分离与“在线”分析两种功能。它能排除组分间的相互干扰,从而解决组分复杂的样品分析问题,而且还可以制备纯组分。正是由于其卓越的分离能力,色谱法成为许多分析方法的先决条件和必要步骤。作为一种常规高效分离分析技术,高效液相色谱分析法在各种色谱模式中具有最广泛的应用。现在有很多化合物(包括有生物活性的化合物、热不稳定化合物、离子型化合物以及高分子化合物)都能够选择不同模式的高效液相色谱进行分离和分析。高效液相色谱在生命科学中的应用范围越来越广,蒸发光散射检测器的应用更体现了它在生命科学中的重要地位。

一、在生命科学中的应用

高效液相色谱已成为生物化学家和医学家在分子水平上研究生命科学、遗传工程、临床化学、分子生物学等必不可少的工具。结构生物学和蛋白质功能的研究均需要足量高纯度的蛋白质,而FPLC是获得高纯度蛋白质的最好手段,能够满足高纯度、高活性的要求。高效液相色谱是生命科学领域中普遍使用的基本方法。

通常根据生物大分子的大小、形状、电荷、疏水性、功能等特性可选择不同的高效液相色谱分离方法对目标分子进行分离分析。例如,根据蛋白质分子疏水性的不同,可用反相色谱使其在两相中的分配不同而得到分离;根据蛋白质分子在一定的pH和离子强度条件下所带电荷的差异可选择离子交换色谱法进行分离。DNA或RNA以及核苷酸由于在一定pH下带有不同电荷,故也可用离子交换色谱法进行分离。可应用凝胶过滤色谱法对相对分子质量差别较大的生物大分子进行分离;且可用此法测定蛋白质相对分子质量。高效液相亲和层析方法是纯化捕获抗体以及免疫学研究的最佳手段。在酶工业生产以及酶学研究中高效液相也具有广泛应用,例如,快速地测定发酵液中辅酶Q10的含量以指导生产工艺。用高效液相色谱法从复杂的混合物基质中,如培养基、发酵液、体液、组织,对感兴趣的物质,包括低分子质量物质(如氨基酸、有机酸、有机胺、类固醇、卟啉、糖类、维生素等)和高分子质量物质[如多肽、核糖核酸、蛋白质和酶(各种胰岛素、激素、细胞色素、干扰素等)]进行有效分离纯化和定量分析。

人类基因组的功能研究,首先需要对特定时空和特定环境条件下细胞、组织或生物活体中的基因所编码的所有蛋白质进行识别和定量分析,其次还要对翻译后蛋白质的修饰(磷酸化、糖基化、甲基化、乙酰基化等)和加工进行分析,并对相似物进行比较,以确定基因型与环境结合得到的表型。要完成如此巨大的工作量,就需要高灵敏度、低检测限、准确和快速的分离鉴定方法。高效液相色谱-质谱联用技术的出现和发展,使得复杂体系的蛋白质的在线分离和鉴定达到前所未有的高灵敏度(检测浓度达 $10^{-18} \sim 10^{-15}$ mol/L)和分析速度。借助于计算机的联机检索，可以对蛋白质混合体系进行高通量筛选和鉴定。现在高效液相色谱-质谱联用技术已经广泛用于生物大分子相对分子质量的测定以及生物体、组织或细胞中蛋白质组的研究，以揭示生物体中蛋白质种类、丰度的变化、修饰、降解等与生物体生理和病理之间的关系，从而为疾病预防和治疗、新药开发以及生命奥秘的认识提供了一种可靠的技术平台。

二、在食品分析中的应用

在食品安全分析领域高效液相色谱分析法具有十分大的优势。液相色谱法与其他的仪器分析方法比较起来，具有能对高沸点样品进行分析、较好的检测灵敏度、较快的分析速度以及较高的分析效能等优点。例如，在检测防腐剂的时候选择高效液相色谱分析法取得了很好的效果，在对苯甲酸和山梨酸进行测定的时候达到了 96.8%和 97.1%的回收率。2008 年在检测奶粉掺入三聚氰胺的过程中，高效液相色谱法发挥了十分关键的作用。面对当时的形势，必须要科学地检测我国大量的乳制品生产企业的样品，尽快出具检测结果，从而能够将一个公正准确的结论提供给老百姓。因此，检测方法除了要具备检测准确以及迅速的特点，同时还要具有较小的检出量，而高效液相色谱分析法能够将这一任务完美地完成。现在在对三聚氰胺进行检测的时候主要采用液相色谱质谱联用法、气相色谱质谱联用法、酶联免疫法以及高效液相色谱分析法。在这些方法中液相色谱-质谱联用法可以将三聚氰胺定性与定量快速地检测出来，所以现在它已经变成首选的检测手段。高效液相色谱分析法对食品营养成分、添加剂和污染物的分析主要有如下三种。

(1) 食品营养成分分析：蛋白质、氨基酸、糖类、色素、维生素、香料、有机酸(邻苯二甲酸、柠檬酸，苹果酸等)、有机胺、矿物质等。

(2) 食品添加剂分析：甜味剂、防腐剂、着色剂(合成色素如柠檬黄、苋菜红、靛蓝、胭脂红、日落黄、亮蓝等)、抗氧化剂等。

(3) 食品污染物分析：真菌毒素(黄曲霉毒素、黄杆菌毒素、大肠杆菌毒素等)、微量元素、农药残留分析等。

三、在药物分析中的应用

药物从研制开始，如化学合成原料药和生化药物的纯度测定，以及中药提取物中有效化学成分的测定等，都需要具有高分离效能的色谱法作为“眼睛”加以判断。高效液相色谱法广泛应用于微量有机药物及中草药有效成分的分离、鉴定与含量测定。对于体内药物分析、药理研究及临床检验包括体液中代谢物测定，药代动力学研究和临床药物监测，高效液相色谱法也显示出独特的优点。

随着药物研发及分析手段的进步，对药品含量准确性、可靠性及标准化的要求也大幅提高，目前我国《药典》中使用高效液相色谱进行分析的药物品种越来越多，高效液相色谱在药物研发及分析中的应用显得越来越重要。例如，作为甘草复方制剂质量评价指标的甘草酸的分析检测。用 HPLC 以浅性回归法测定甘草酸的结果表明，其含量随产地、药材粗细、质地、断面颜色的不同而异，断面越黄，质地硬脆，折断性大者甘草酸含量高，这为评价甘草复方制剂品质提供了科学依据。中药制剂组成复杂，其中不少有效成分的含量测定也越来越多地采用了高效液相色谱法。中药有效成分的测定已成为评估中药质量的重要标志。HPLC 分析作为重要的分离技术，已广泛应用于药物研究开发、生产流通乃至临床使用的各个领域中，已成为药物质量控制必不可少的手段。

随着高效液相分析技术与质谱联用、与傅里叶变换红外吸收光谱联用等技术的发展和完善，HPLC 将成为合成药物、天然药物的分离、鉴定和含量测定的首选手段，有着广泛的应用前景。

四、在环境分析中的应用

在环境领域，高效液相色谱分析法是常用的环境监测方法，例如，用高效液相色谱-荧光法对甲基氨基甲酸酯杀虫剂在水中进行测定；采用 HPLC/电化学法对水中的联苯胺类化合物进行测定；采用 HPLC/荧光分析法对固体废弃物中的多环芳烃进行分析。现在，在环境分析中高效液相色谱分析法已经广泛地应用于环芳烃（特别是稠环芳烃）、农药残留等检测。尤其是在分离和分析具有较差的热稳定性、较大的相对分子质量以及挥发性的有机污染物的时候，其具有越来越明显的作用。

思 考 题

1. 简述高效液相色谱法和气相色谱法的主要异同点。
2. 高效液相色谱发中化学键合固定相有哪些优点？什么叫正相色谱？什么叫反相色谱？各适用于分离哪些化合物？
3. 简述高效液相色谱仪主要部件及其作用。
4. 高效液相色谱法常用检测器有哪些？其适用范围是什么？
5. 空间排阻色谱分离生物大分子的原理是什么？
6. 简述液相色谱的梯度洗脱及应用。

第十二章　质谱分析法

质谱分析法(mass spectrometry，MS)是利用电磁学原理将化合物电离成具有不同质量的离子，然后利用不同离子在电场或磁场中运动行为的不同，把离子按质荷比(m/z)分开后收集和记录下来，从所得到的质谱图中推断出化合物结构的方法。早期质谱仪主要用来进行同位素测定和无机元素分析。20世纪60年代以后，它开始用于复杂化合物的鉴定和结构分析。随着快原子轰击(FAB)、电喷雾(ESI)和基质辅助激光解析(MALDI)等新"软电离"技术的出现，传统的主要用于小分子物质研究的质谱技术扩展到了高极性、难挥发和热不稳定的大分子的分析研究。近30年来，质谱发展非常迅速，色谱-质谱联用技术的发展，高频电感耦合等离子源的引入，二次离子质谱仪的出现，使质谱技术成为解决复杂物质分析、无机元素分析及物质表面和深度分析等方面的有力工具。质谱技术在生命科学领域的应用，更为质谱的发展注入了新的活力，形成了独特的生物质谱技术。

质谱分析法是物质定性分析与分子结构研究的有效方法，其主要特点如下：① 应用范围广。就分析范围而言，它既可以进行同位素分析，又可以进行无机成分分析及有机物结构分析；就样品状态而言，样品既可以是气体，又可以是液体或固体。② 提供的信息多。它能提供准确的相对分子质量、分子和官能团的元素组成、分子式以及分子结构等大量数据。③ 灵敏度高，样品用量少。通常只需要微克级甚至更少的样品，便可得到满意的分析结果，检出极限最低可达 10^{-14} g。④ 分析速度快。最快可达0.001 s。可实现色谱-质谱在线分析及多组分同时测定。⑤ 与其他仪器相比，仪器结构复杂，价格昂贵，工作环境要求较高，给技术的普及带来一定的限制，同时对样品有破坏性。

第一节　质谱仪的工作原理及性能指标

一、质谱法的工作原理

质谱仪是利用电磁学原理，使带电的样品离子通过适当的电场、磁场，将它们按空间位置、时间先后或者轨道稳定与否实现质荷比分离，并通过检测其强度进行物质分析的仪器。离子电离后经加速进入磁场中，其动能与加速电压及电荷 z 有关，即

$$eU = \frac{1}{2}mv^2 \qquad 式(12-1)$$

式中，z 为电荷数；e 为元电荷（$e=1.60\times10^{-19}$ C）；U 为加速电压；m 为离子的质量；v 为离子被加速后的运动速度。

具有速度 v 的带电粒子进入质谱分析器的电磁场中，根据所设定的分离方式，最终实现各种离子按质荷比（m/z）进行分离。根据质量分析器的工作原理，可以将质谱仪分为动态仪器和静态仪器两大类。在静态仪器中用稳定的电磁场，按空间位置将 m/z 不同的离子分开，如单聚焦和双聚焦质谱仪。在动态仪器中采用变化的电磁场，按时间不同来区分 m/z 不同的离子，如飞行时间和四极滤质器式的质谱仪。

质谱仪的一般工作过程为：质谱仪离子源中的样品在极高的真空状态下，采用高能电子束轰击分子（M），使之成为分子离子（M^+），分子离子进一步发生键的断裂，而产生许多碎片。碎片可以是失去游离基后的正离子，也可以是失去中性分子后的游离基型正离子。将解离的阳离子加速导入质量分析器中，利用离子在电场或磁场中运动的性质，将离子按质荷比的大小顺序进行收集和记录，得到质谱图。由于在相同实验条件下每种化合物都有其确定的质谱图，因此将所得谱图与已知谱图对照，就可确定待测化合物。

二、质谱仪的主要性能指标

1. 质量测定范围

质谱仪的质量测定范围（measurement range of mass）表示质谱仪所能够进行分析的样品的相对原子质量（或相对分子质量）范围，通常采用以 ^{12}C 来定义的原子质量单位进行度量。测定气体用的质谱仪，一般相对原子（或分子）质量测定范围在 2～100，而有机质谱仪一般可达几千，现代质谱仪甚至可以测量相对分子质量达几万到几十万的生物大分子样品。

2. 分辨率

分辨率（resolution capability）是指质谱仪分开相邻质量数离子的能力。一般定义是：对两个相等强度的相邻峰，当两峰间的峰谷不大于其峰高 h 的 10%时，则认为两峰已经分开，如图 12-1 所示。其分辨率常用符号 R 表示：

$$R=\frac{M}{\Delta M} \qquad \text{式(12-2)}$$

式中，M 表示分开两峰中任何一峰的质量数；ΔM 表示分开两峰的质量差。

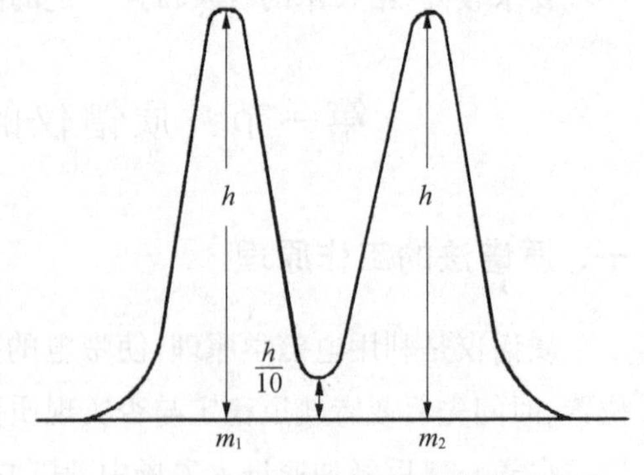

图 12-1　质谱仪 10%峰谷分辨率示意图

3. 灵敏度

质谱仪的灵敏度（sensitivity）有绝对灵敏度、相对灵敏度和分析灵敏度等几种表示方法。绝对灵敏度是指仪器可以检测到的最小样品量；相对灵敏度是指仪器可以同时检测的大组分与小组分含量之比；分析灵敏度则是指输入仪器的样品量与仪器输出的信号之比。

第二节 质谱仪的基本结构

质谱仪通常由六部分组成：高真空系统、进样系统、离子源、质量分析器、离子检测器和计算机控制及数据处理系统，如图 12-2 所示。

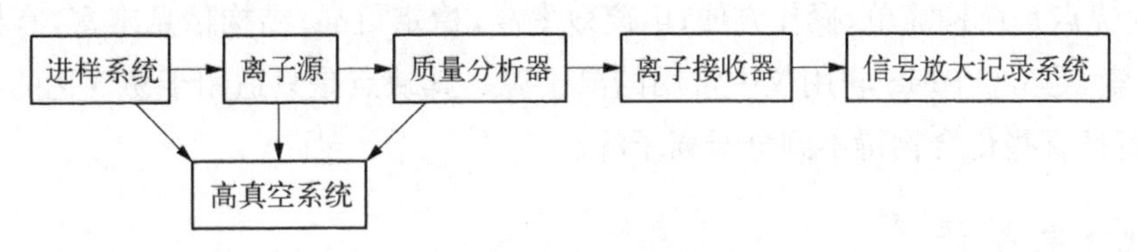

图 12-2 质谱仪结构框图

一、真空系统

质谱仪的离子产生及经过系统必须处于高真空状态，离子源真空度应达 1.0×10^{-5}～1.0×10^{-4} Pa，质量分析器中应保持 1.0×10^{-6} Pa。若真空度过低，则会造成离子源灯丝损坏，产生不必要的离子碰撞、散射效应、复合反应和离子-分子反应。副反应过多使得成本增高，从而使图谱复杂化。质谱仪的高真空系统通常由机械泵抽真空后，再使用高效率的扩散泵保证它们的高真空度。只有在足够高的真空度下，离子才能从离子源到达接收器，真空度不够会导致灵敏度降低。

二、进样系统

进样系统的作用是高效地将样品重复引入离子源，并且不能造成真空度的降低。目前常用的进样系统有三种：间歇式进样系统、直接探针进样系统及色谱进样系统。一般气体或易挥发液体试样采用间歇式进样方式。高沸点试液、固体试样可采用直接进样，使用探针或直接进样器把样品送入离子源，调节温度使试样气化。色谱-质谱联用仪器中，从毛细管气相色谱柱流出的成分可直接引入质谱仪的离子化室。液相色谱-质谱联用仪采用离子喷雾及电喷雾技术除去流动相，使样品离子进入质谱分析仪。

三、离子源

质谱仪中产生离子的装置称为离子源，其功能是将进样系统引入的气态样品分子转化成离子。其结构和性能与质谱仪的灵敏度及分辨率等有很大关系。不同的分子离子化所需要的能量不同，因此，应选择不同的离解方式：① 硬电离：能给予样品较大能量的电离方法。② 软电离：给予较小能量的电离方法，适用于易破裂或易电离的样品。

目前所用的质谱仪有多种电离源可供选择，如电子电离源、化学电离源、场电离源、快速原子轰击源、电喷雾电离源、基质辅助激光解吸离子化等，下面介绍几种常见的离子源。

1. 电子轰击电离源(electron impact ionization, EI)

样品需经过气化进入电离区，用约 70 eV 能量的电子束与气化的试样分子相互作用，使分子中电离电位较低的价电子或非键电子电离，此为硬电离方法。这是 1980 年以前的主要离子化方式，但是只能用于有机小分子(400 Da 以下)的电离。

EI 的优点是结构简单，操作方便；电离效率高，稳定可靠；结构信息丰富，有标准质谱图可以检索，是 GC－MS 联用仪中常用的离子源。其缺点是只适用于易气化的有机物样品分析，而且有些化合物得不到分子离子峰。

2. 化学电离源

化学电离源(chemical ionization, CI)是为解决上述问题而发明的一种软离子化技术。高能电子束与小分子反应气体(如甲烷、丙烷等)作用，使其电离生成初级离子，这些初级离子再与试样分子反应得到试样离子。核心是质子转移。它是通过离子-分子反应来完成离子化，而不是直接用强电子束轰击进行电离。

化学电离源的优点是：① 图谱简单，容易解析，因为电离样品分子的不是高能电子流，而是能量较低的二次电子，键的断裂可能性减小，峰的数目随之减少；② 准分子离子峰，即$(M+1)^+$峰很强，且仍可提供相对分子质量这一重要信息。其缺点是 CI 源得到的质谱图不是标准谱图，不能进行库检索。CI 源主要用于气相色谱-质谱联用仪，适用于易气化的有机物样品分析。

3. 快速原子轰击源

快速原子轰击源(fast atomic bombardment, FAB)是 20 世纪 80 年代发展起来的新离子化方法，是使稀有气体(氙气或氩气)电离，通过电场加速获得较高动能成为快原子，然后轰击试样分子，通过能量的转移，使试样分子电离。

快速原子轰击源的优点是：分子离子和准分子离子峰强；碎片离子峰丰富；灵敏度高，适用于热不稳定，极性强的分子，如肽类、蛋白质、多糖、金属有机物等。其缺点是试样涂在金属板上，导致溶剂也被电离，使质谱图复杂化。

4. 电喷雾电离(electrospray ionization, ESI)

电喷雾电离是一种使用强静电场的电离技术。它主要应用于液相色谱-质谱联用仪或毛细管电泳-质谱联用仪。它既作为色谱和质谱之间的接口装置，同时又是电离装置。如图 12－3 所示，电喷雾电离是在“离子蒸发”的原理基础上发展起来的一种离子化方法。将待测分子溶解在溶剂中，以液相方式通过毛细管到达喷口，在喷口高电压作用下形成带

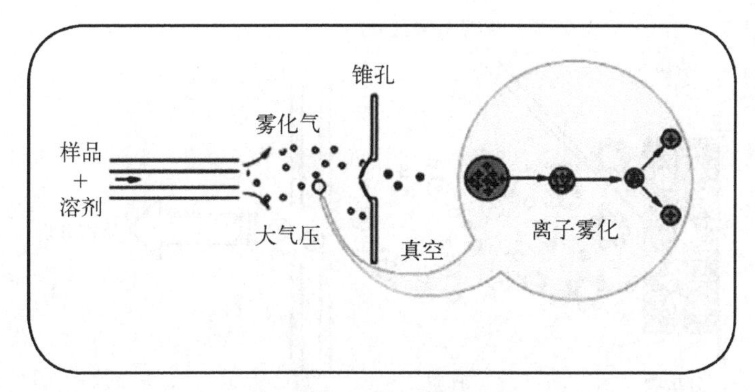

图 12-3　电喷雾电离原理

电荷的微滴，随着微滴中挥发性溶剂的蒸发，微滴表面的电荷体密度随微滴半径的减少而增加，到达某一临界点时，样品将以离子方式从液滴表面蒸发，进入气相，即实现了样品的离子化，由于没有直接的外界能量作用于分子，因此对分子结构破坏较少，是一种典型的软电离方式。

ESI 样品的 pKa、溶液的 pH、溶剂的性质都会影响电喷雾电离。ESI 最大的特点是容易形成多电荷离子，因此，在较小的 m/z 范围内可以检测到大相对分子质量的分子。目前，电喷雾质谱可测定分子质量在 100 kDa（1 Da＝$1.660\ 54\times10^{-27}$ kg）以下的蛋白质，最高达 150 kDa，适于相对分子质量大、稳定性差的化合物，如极性强的大分子有机化合物蛋白质、肽、糖等，特别适于测多肽的修饰。ESI 的灵敏度极高，且易于和 LC 串联，可直接分析流速为 1 mL/min 的 LC 洗脱液，并且没有基质干扰，适于四极杆质量分析器、离子阱质量分析器做结构分析。其缺点是样品需先气化，耐盐能力低，带多电荷，在分析混合物时易产生混乱，定量时需内校准。

5. 基质辅助激光解吸离子化

基质辅助激光解吸离子化（matrix assisted laser Desorption, MALDI）是近 20 年发展起来的离子化技术，特别适用于蛋白质、多肽、寡核苷酸等生物大分子的离子化。通常用飞行时间检测器作为质量分析器，构成基质辅助激光解吸/电离飞行时间质谱。它可用于生物大分子物质的相对分子质量的测定、蛋白质高通量鉴定、有机小分子化合物的相对分子质量测定、寡核苷酸的分析和基因的单核苷酸多态性的分析等。

基质辅助激光解吸离子化引入了固体基质，使样品液与基质液混合，滴于靶面，在真空中快速干燥，制成极细的混晶。当激光束照射在涂有样品和基质混晶的靶面上时，基质的有机分子在固态混晶中共振吸收能量，并将能量传递到基质有机物晶体的晶格中，使晶格受到瞬时强烈扰动而解吸出离子或中性分子，并通过这些离子或分子将吸收的能量传递给生物大分子而使其电离。图 12-4 是基质辅助激光解吸离子化原理。基质辅助激光解吸电离源的关键是使用基质来实现软电离，基质的具体作用是从激光束吸收激光能量并转变为凝聚相的激发能；基质包围样品分子，使之相互隔离，限制聚集体的形成，避免聚

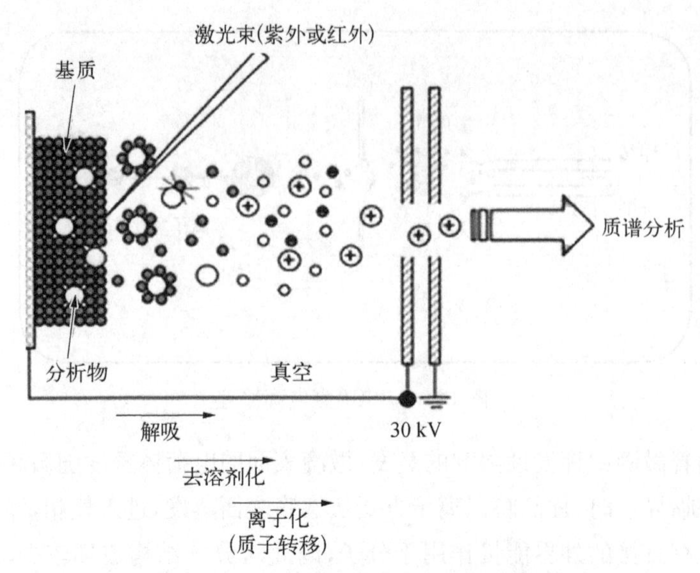

图 12-4 基质辅助激光解吸离子化原理

集体大分子对解吸和分析的影响;促进样品分子的离子化过程。

基质辅助激光解吸电离源的基质种类很多,对于不同的分析对象应选择不同的基质,否则对分析结果影响很大。MALDI 电离源的优点是:质量数可达 300 kDa;可达 10～15 或 10～18 级灵敏度;耐盐(样品含盐可达毫摩尔浓度);无或极少碎片离子;适于分析复杂混合物。其缺点是分辨率低;1 000 Da 以下的基质峰会产生干扰;定量时需要内校准;如没有反射飞行装置,不能分析多肽修饰。

四、质量分析器

质谱仪的质量分析器位于离子源和检测器之间,其作用是将离子源产生的离子按不同质荷比(m/z)分开,按 m/z 顺序分开并排列成谱。质量分析器的种类很多,常见的有磁分析器、四极质量分析器、离子阱分析器、飞行时间分析器、傅里叶变换离子回旋共振分析器等。

1. 磁分析器

磁分析器依据不同质量的离子在磁场中有不同的运动行为,从而将离子分开。主要有两种形式:单聚焦分析器和双聚焦分析器。图 12-5 为单聚焦质量分析器结构示意图。

单聚焦分析器只有一个磁场,当磁场强度和加速电场的电压不变时,离子运动的轨道半径仅仅取决于离子本身的质荷比(m/z)。因此,具有不同质荷比的离子,由于运动半径的不同而被分析器分开。缺点是分辨率较低。在单聚焦分析器中,离子源产生的离子在进入加速电场之前,其初始能量并不为零,且各不相同。若具有相同质荷比的离子的初始能量存在差异,在通过分析器后,是不能完全聚焦在一起的。为了解决离子能量分散的问题,提高分辨率,可采用双聚焦分析器。双聚焦分析器除了磁场,还有一个静电场,具有质量色散和能量色散,能够同时实现方向聚焦和能量聚焦。

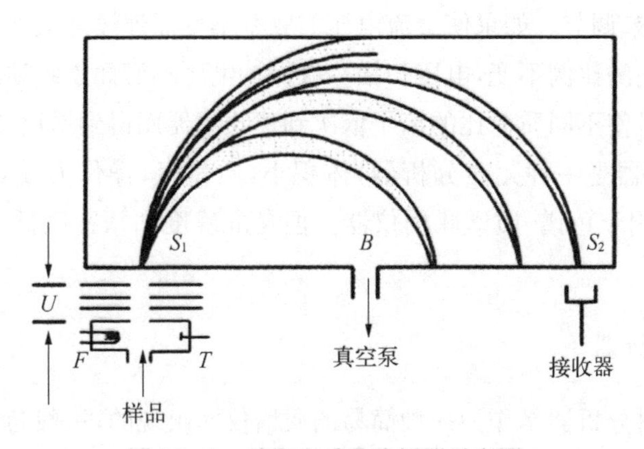

图 12-5 单聚焦质量分析器示意图

S_1,S_2-狭缝;B-磁感应强度;U-加速电压;F-破裂电压;T-离子源温度

2. 四极质量分析器

四极质量分析器由四根截面为双曲面或圆形的棒状电极组成,两组电极间施加一定的直流电压和频率在射频范围内的交流电压,如图 12-6 所示。

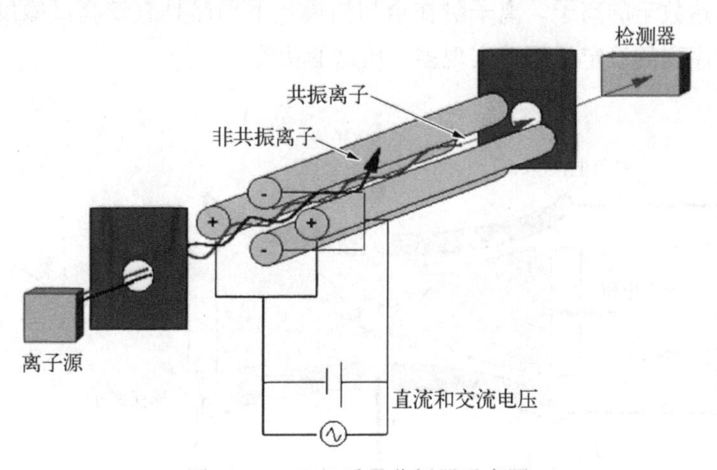

图 12-6 四极质量分析器示意图

四极质量分析器的工作原理与扇形磁场是不同的。扇形磁场靠离子动量的差别而把不同质荷比的离子分开,而四极质量分析器则靠质荷比不同把离子分开。四极质量分析器又称四极滤质器。当离子束进入筒形电极所包围的空间后,离子做横向摆动,在一定的直流电压、交流电压和频率,以及一定的尺寸等条件下,只有某一种(或某一范围)质荷比的离子能够到达收集器并发出信号(称共振离子),其他离子在运动的过程中撞击在筒形电极上而被"过滤"掉,最后被真空泵抽走(称为非共振离子)。因此,四极场只允许一种具有适当稳定振幅质荷比的离子通过。四个电极上的交流和直流电压从零到最大值同步增加,可使不同质荷比的离子依次分离,按顺序通过四极场实现质量扫描。其扫描范围可由

交流和直流的电压来调节。如果使交流电压的频率不变而连续地改变直流和交流电压的大小(但要保持它们的比例不变,电压扫描),或保持电压不变而连续地改变交流电压的频率(频率扫描),就可使不同质荷比的离子依次到达收集器而得到质谱图。

四级质量分析器是一种无磁分析器,体积小,质量轻,操作方便,分辨率较高,扫描速度快,特别适合用于色谱-质谱联用仪器。但是准确度和精密度低于磁偏转型质量分析器。

3. 离子阱分析器

近几年,离子阱分析器是作为一种简易的质谱仪而出现的,一般与色谱仪联用。它的离子源与质量分析器同处一室。由色谱仪流出的组分直接送入兼作离子源和分析器的阱内。离子阱由两个端盖电极和位于它们之间的类似四极杆的环电极构成,如图 12-7 所示。端盖电极施加直流电压或接地,环电极施加射频电压(rf),通过施加适当电压就可以形成一个离子阱。根据 rf 电压的大小,离子阱就可捕捉某一质量范围的离子。离子阱可以储存离子,待离子累积到一定数目后,升高环电极上的 rf 电压,离子按质量从高到低的次序依次离开离子阱,并且被电子倍增监测器检测到。目前离子阱分析器已发展到可以分析质荷比高达数千的离子。离子阱在全扫描模式下仍然具有较高灵敏度,而且单个离子阱通过期间序列的设定就可以实现多级质谱的功能。

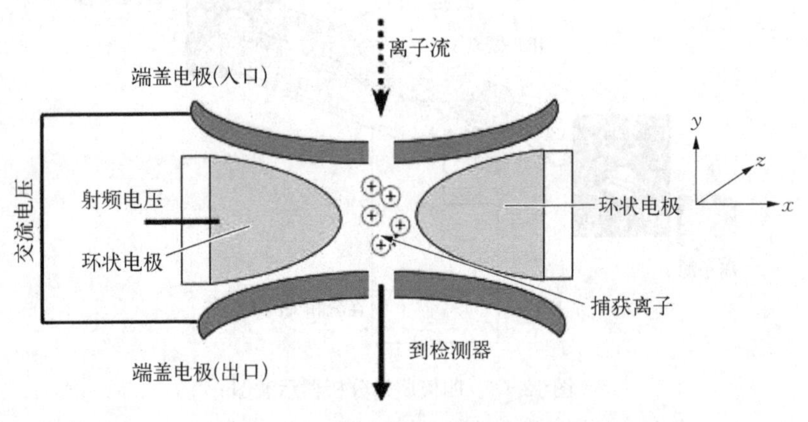

图 12-7 离子阱质量分析器示意图

4. 飞行时间分析器

飞行时间分析器是一种通过无场作用下的漂移方式分离离子的分析器,其主要部分是一个离子漂移管,如图 12-8 所示。分析器用电子脉冲法将离子源中的离子瞬间引出,并通过与前者相同频率的脉冲加速电场而加速,使离子源飞出的离子动能基本一致;然后凭惯性再进入无场漂移管飞行,因此,离子在漂移管中飞行的时间与离子质量的平方根成正比。对于能量相同的离子,离子的质量越大,到达接收器所用的时间越长,质量

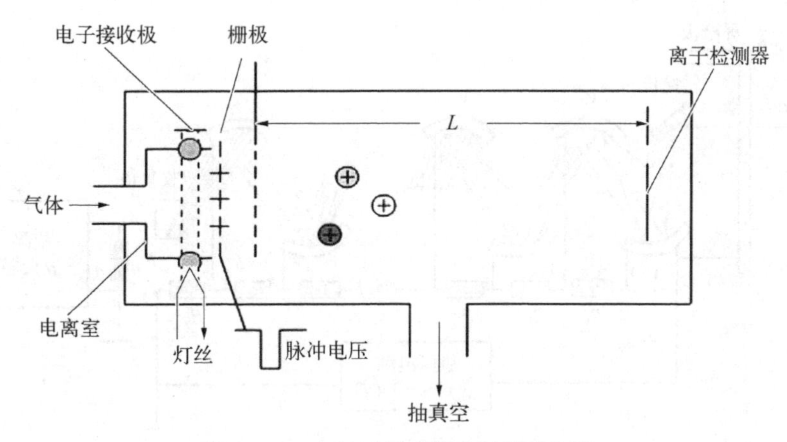

图 12-8　飞行时间质量分析器示意图

越小，所用时间越短。根据这一原理，可以把不同质量的离子分开。飞行时间分析器最大的优点是：① 扫描速度快，可用于极快过程的研究；② 质量检测没有上限，特别适合于生物大分子的测定；③ 体积小，质量轻，结构简单，操作方便。目前，飞行时间分析器已广泛应用于气相色谱-质谱联用仪、液相色谱-质谱联用仪和基质辅助激光解吸飞行时间质谱仪中。

5. 傅里叶变换离子回旋共振分析器

傅里叶变换离子回旋共振分析器(fourier transform ion cyclotron resonance analyzer，FTICR)是根据离子在磁场中做回旋运动而设计的，它的核心部件是带傅里叶变换程序的计算机和捕获离子的分析室。它是根据给定磁场中的离子回旋频率来测量离子质荷比的质谱分析器。FTICR 质谱法具有很高的分辨率(可达 10^5 以上)和很高的灵敏度，而且具有多级质谱的功能，可以和任何离子源联用。但由于需要很高的超导磁场，因此需要液氦，仪器价格和维持费用都很高。

FTICR 质谱法与其他质谱分析仪器最大的不同点在于，它不是用离子去撞击一个类似电子倍增器的感应装置，而是让离子从感应板附近经过。而且对于物质的测定也不像其他技术手段一样利用时空法，而是根据频率来进行测量的。利用象限仪检测时，不同的离子会在不同的地方被检测出来；利用飞行时间法检测时，不同的离子会在不同的时间被检测出来；而利用 FTICR 检测时，离子会在给定的时空条件下被同时检测出来。

五、检测与记录

质谱仪的检测主要使用电子倍增器，其原理类似于光电倍增管，如图 12-9 所示。电子倍增器一般由一个转换极、10～20 个倍增极和一个收集极组成。从质量分析器射出的具有一定能量的离子，打在第一极上产生较多的二次电子，这些电子打在第三极上又产生数量更多的三次电子，在每一极上都重复这一过程。这样经过多极可使电子不断

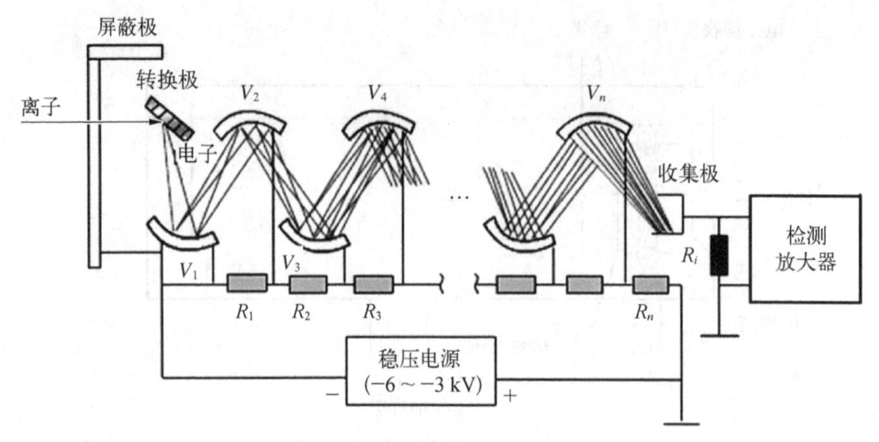

图 12-9　电子倍增器工作原理图

倍增，最后能被检测到。电子倍增器响应快，灵敏度高。随着使用时间的延长，电极会老化，增益会降低，具有一定的寿命。质谱仪常用的检测器还有闪烁检测器、法拉第杯和照相底板等。

现代质谱仪一般都配有高性能计算机和应用功能强大的操作软件，设置仪器工作参数，采集和处理数据，最终打印出报告。

六、质谱联用技术

将两种或多种仪器分析方法结合起来的技术称为联用技术，利用联用技术的主要有色谱-质谱联用、毛细管电泳-质谱联用、质谱-质谱联用，质谱联用主要问题是如何解决与质谱相连的接口及相关信息的高速获取与储存等问题。

1. 气相色谱-质谱联用(GC-MS)

色谱-质谱联用技术是将分离能力很强的色谱仪与定性、结构分析能力很强的质谱仪通过适当的接口结合成完整的分析仪器，借助计算机技术进行物质分析的方法，称为色谱-质谱联用技术。GC-MS 技术是 20 世纪 50 年代后期才开始发展的，到 60 年代就已经发展成熟并出现了商品化仪器。目前，它已成为最常用的一种联用技术。GC-MS 联用仪主要由色谱单元、接口、质谱单元和计算机系统四大部分组成，如图 12-10 所示。其中接口是实现联用的关键，接口的作用是使经气相色谱分离出的各组分依次进入质谱仪的离子源。

GC-MS 的质谱仪部分可以是磁式质谱仪、四极杆质谱仪，也可以是飞行时间质谱仪和离子阱质谱仪，目前使用最多的是四极杆质谱仪。离子源主要是 EI 源和 CI 源。色谱部分和一般的色谱仪基本相同，包括柱箱、气化室、载气系统、进样系统、程序升温系统和压力、流量自动控制系统等，但应该符合质谱仪的一些特殊要求，主要是：① 固定相应选择耐高温、不易流失的固定液，最好用键合相；② 载气应不干扰质谱检测，一般常用氦气。

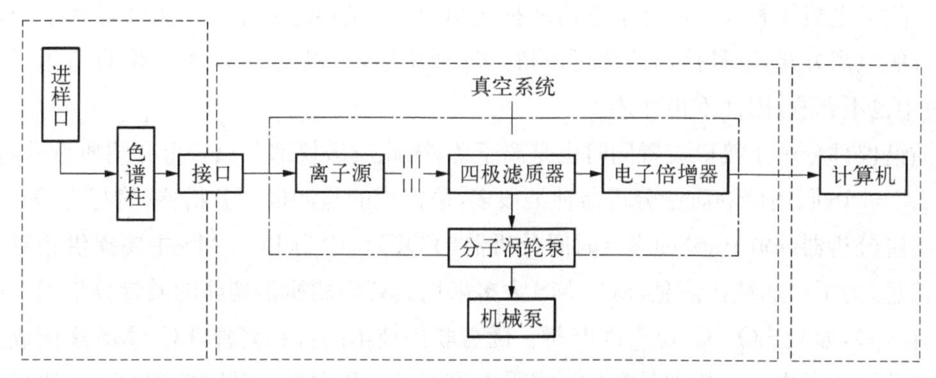

图 12-10 GC-MS联用仪组成方框图

GC-MS的另外一个组成部分是计算机系统，由于计算机技术的提高，GC-MS的主要操作都由计算机控制进行，这些操作包括利用标准样品（一般用FC-43）校准质谱仪设置气相色谱、接口和质谱仪的工作条件，数据的收集和处理以及库检索等。根据获得色谱和质谱数据，对复杂试样中的组分进行定性和定量分析。GC-MS联用仪的灵敏度高，适合于低分子化合物（相对分子质量$<$1 000）的分析，尤其适合于挥发性成分的分析。GC-MS技术已得到了广泛的应用，如环境污染物的分析、药物的分析、食品添加剂的分析等。GC-MS还是兴奋剂鉴定及毒品鉴定的有力工具。

2. *液相色谱-质谱联用（LC-MS）*

液相色谱与质谱联用仪，结合了液相色谱仪有效分离热不稳性及高沸点化合物的分离能力与质谱仪很强的组分鉴定能力，是一种分离分析复杂有机混合物的有效手段。液相色谱-质谱联用仪主要由高效液相色谱、接口装置（同时也是电离源）、质谱仪和计算机系统四大部分组成。高效液相色谱与一般的液相色谱相同，其作用是将混合物样品分离后引入质谱仪。LC-MS联用的关键是LC和MS之间的接口装置。接口技术首先解决高压液相和低压气相间的矛盾。质谱离子源的真空度常在$1.33\times10^{-5}\sim1.33\times10^{-2}$ Pa，真空泵抽去液体的速度一般在10～20 μL/min，这与通常使用的高效液相色谱0.5～1 mL/min的流速相差甚远。因此，去掉LC的流动相是LC-MS的主要问题之一。另一个重要的问题是分析物的电离。用LC分离的化合物大多是极性高、挥发度低、易热分解或相对分子质量大的化合物。经典的电子轰击电离（EI）并不适用于这些化合物。早期曾经使用过的接口装置有传送带接口、热喷雾接口、粒子束接口等十余种，这些接口装置都存在一定的缺点，因而都没有得到广泛推广。20世纪80年代，大气压电离源用作LC和MS联用的接口装置和电离装置之后，使得LC-MS联用技术提高了一大步。目前，几乎所有LC-MS联用仪都使用大气压电离源作为接口装置和离子源。大气压电离源（atmosphere pressure ionization，API）包括电喷雾电离（electrospray ionization，ESI）和大气压化学电离源（atmospheric pressure chemical ionization，APCI）两种，两者之中电喷雾源应用更为广泛。除了电喷雾和大气压化学电离两种接口，少数仪器还使用粒子束喷雾和电子轰击相结合的电离方式，这种接口装置可以得到标准质谱，可以进行库检索，但只适用于小分子，应用也不普遍，因此不再详述。

质谱仪部分由于接口装置同时也是离子源，因此质谱仪部分只着重介绍质量分析器。作为 LC－MS 联用仪的质量分析器种类很多，最常用的是四极杆分析器（简写为 Q），其次是离子阱分析器（ion trap）和飞行时间分析器（TOF）。因为 LC－MS 主要提供相对分子质量信息，为了增加结构信息，LC－MS 大多采用具有串联质谱功能的质量分析器。串联方式有很多，如 Q－Q－Q、Q－TOF 等。随着联用技术的日趋完善，LC－MS 逐渐成为最热门的分析手段之一。特别是在分子水平上可以进行蛋白质、多肽、核酸的分子质量相对确认，氨基酸和碱基对的序列测定及翻译后的修饰工作等，这在 LC－MS 联用之前都是难以实现的。LC－MS 作为已经比较成熟的技术，目前已在生化分析、天然产物分析、药物和保健食品分析以及环境污染物分析等许多领域得到了广泛的应用。

3．串联质谱（MS－MS 联用）

20 世纪 80 年代初，为了得到更多的分子离子和碎片离子的结构信息，在传统的质谱仪基础上发展出了 MS－MS 联用技术。它是将两个或更多的质谱连接在一起，也称为串联质谱。串联质谱法可以分为两类：空间串联和时间串联。空间串联是两个以上的质量分析器联合使用，两个分析器间有一个碰撞活化室，目的是将前级质谱仪选定的离子打碎，由后一级质谱仪进行扫描及定性分析，如图 12－11 所示。而时间串联质谱仪只有一个分析器，前一时刻选定某一离子，在分析器内打碎后，后一时刻再进行扫描分析。时间串联主要有离子阱质谱仪和回旋共振质谱仪。空间串联型又分磁扇形串联、四极杆串联、混合串联等。无论是哪种方式的串联，都必须有碰撞活化室。从第一级 MS 分离出来的特定离子经过碰撞活化后，再经过第二级 MS 进行质量分析，以便取得更多的信息。

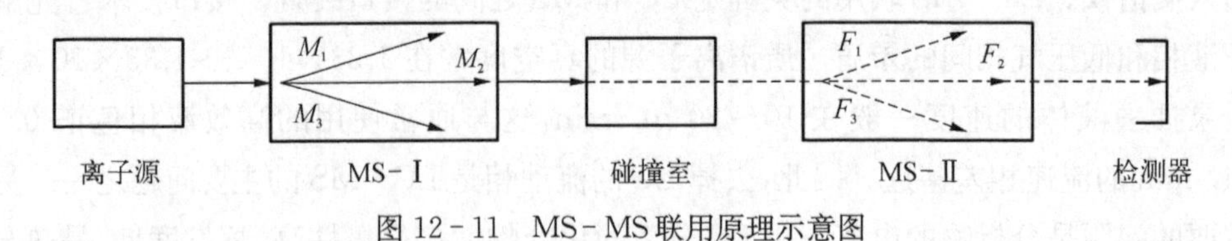

图 12－11　MS－MS 联用原理示意图

第三节　质谱离子峰

一、质谱的表示方法

在质谱分析中，质谱的表示方法主要有线谱和表谱两种形式。图 12－12 是一张线谱，每条直线表示一个离子峰，其横坐标是质荷比（m/z），纵坐标是相对强度，相对强度是

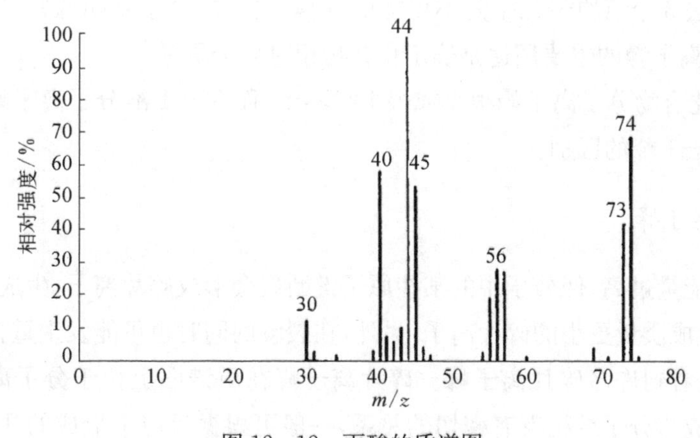

图 12-12　丙酸的质谱图

最高峰 $m/z=44$，最大 $m/z=75$

把原始质谱图上最强的离子峰定为基峰，并规定其相对强度为 100%。其他离子峰以对此基峰的相对百分值表示。质谱表是用表格形式表示质谱数据的，用得较少。质谱表中有两项，一项是 m/z，另一项是相对强度。从质谱图上可以直观地观察整个分子的质谱全貌，而质谱表则可以准确地给出精确的 m/z 值及相对强度值，有助于进一步分析。

二、质谱图中主要离子峰的类型

分子在离子源中可以产生各种电离，即同一种分子可以产生多种离子峰，主要的有分子离子峰、碎片离子峰、亚稳离子峰、同位素离子峰、重排离子峰及多电荷离子峰等。

1. 分子离子峰

试样分子受到高速电子撞击后，失去一个电子产生的正离子称为分子离子或母离子，相应的质谱峰称为分子离子峰或母离子峰。分子离子峰的 m/z 的数值相当于该化合物的相对分子质量。由于分子离子是化合物失去一个电子形成的，因此，分子离子是自由基离子。利用高分辨率质谱仪给出精确的分子离子峰质量数，是测定有机化合物相对分子质量的最快速、可靠的方法之一。

分子离子峰的强度和化合物的结构有关，如环状化合物结构比较稳定，不易碎裂，因而分子离子峰较强；而支链烷烃或醇类化合物较易碎裂，分子离子峰很弱或不存在。在有机化合物中，分子离子峰强弱的大致顺序是：芳香烃＞共轭多烯烃＞烯烃＞环状化合物＞酮＞不分支烃＞醚＞酯＞胺＞酸＞醇＞高分支烃。分子离子峰具有以下特点。

(1) 分子离子峰若能出现，应位于质谱图的右端质荷比最高的位置，存在同位素峰时例外。分子离子峰符合“氮规则”，即含有偶数个或不含有氮原子的有机分子，其相对分子质量为偶数；而含有奇数个氮原子的分子，其相对分子质量为奇数。

(2) 在分子离子峰左边 3～14 个原子质量单位范围内一般不可能出现峰，因为，同时使一个分子失去3个氢原子几乎是不可能的，而能失去的最小基团通常是甲基，即$(M-15)^+$峰。分子离子峰的主要用途是确定化合物相对分子质量。

(3) 某些化合物分子离子峰很小或根本找不到，而M±1准分子离子峰很强，注意分子离子峰与M±1峰的区别。

2. 碎片离子峰

离子源的能量过高，使分子中的某些原子键断裂会形成碎片离子，生成的碎片离子可能再次裂解，生成质量更小的碎片离子，另外，在裂解的同时也可能发生重排，所以在化合物的质谱中，常看到许多碎片离子峰。碎片离子峰在质谱图上位于分子离子峰的左侧。碎片离子的形成与分子结构有着密切的关系，一般可根据反应中形成的几种主要碎片离子推测原来化合物的结构。但是由此获得的分子拼接结构并不总是合理的，因为碎片离子并不是只由分子离子一次碎裂产生，而且可能会由进一步断裂或重排产生，所以要进行准确的定性分析，最好与标准图谱进行比较。

3. 亚稳离子峰

离子在离开离子源被加速过程中或加速后进入质量分析器之前，这一段无场区域内发生裂解而形成的低质量的离子所产生的峰，称为亚稳离子峰。如质量为m_1的母离子在飞行过程中裂解为质量为m_2的子离子，由于它是在飞行途中裂解产生的，因此该离子具有m_2质量和母离子的速度，其离子峰不出现在m_2位置上，而是在比m_2较低质量的位置上，此峰所对应的质量称为表观质量m^*，它与m_1、m_2的关系为

$$m^* = (m_2)^2/m_1 \qquad \text{式(12-3)}$$

一般亚稳离子峰的峰型宽而矮小，且质荷比为非整数。亚稳离子可以帮助确定各碎片离子的亲缘关系，有利于分子裂解机理的研究。

4. 同位素离子峰

在组成有机化合物常见的十几种元素中，有几种元素具有天然同位素，如C、H、N、O、S、Cl和Br等。所以，在质谱图中除了出现最轻同位素组成的分子离子所形成的M^+峰，还会出现一个或多个同位素组成的分子离子所形成的离子峰，如$(M+1)^+$、$(M+2)^+$、$(M+3)^+$…这种离子峰叫做同位素离子峰，对应的m/z分别为M+1、M+2、M+3…通常把某元素的同位素占该元素的原子质量的分数称为同位素丰度。同位素峰的强度与同位素的丰度是相对应的。

表12-1列出了有机化合物中元素的同位素丰度，由表可见，S、Cl、Br等元素的同位素丰度高，因此，含S、Cl、Br的化合物其M+2峰强度较大。例如，氯有两个同位素^{35}Cl和^{37}Cl，两者丰度之比为100∶32.5，或近似为3∶1。当化合物分子中含有一个氯时，如果

由^{35}Cl形成的化合物质量为M，那么由^{37}Cl形成的化合物质量为M+2。生成分子离子后，分子离子质量分别为M和M+2，离子强度之比近似为3∶1。一般根据M和M+2两个峰的强度来判断化合物中是否含有这些元素。

表12-1 有机化合物中常见同位素的天然丰度

同位素	相对丰度/%	峰类型	同位素	相对丰度/%	峰类型
^{1}H	99.985	M	^{18}O	0.204	M+2
^{2}H	0.015	M+1	^{32}S	95.00	M
^{12}C	98.893	M	^{33}S	0.76	M+1
^{13}C	1.107	M+1	^{34}S	4.22	M+2
^{14}N	99.634	M	^{35}Cl	75.77	M
^{15}N	0.366	M+1	^{37}Cl	24.23	M+2
^{16}O	99.759	M	^{79}Br	50.537	M
^{17}O	0.037	M+1	^{81}Br	49.463	M+2

5. 重排离子峰

分子离子裂解成碎片时，有些碎片离子不仅仅通过键发生简单断裂，有时还会通过分子内某些原子或基团的重新排列或转移而形成离子，这种碎片离子称为重排离子。质谱图上相应的峰称为重排离子峰。重排的方式很多，其中最常见的是麦氏重排。可以发生麦氏重排的化合物有酮、醛、酸、酯等，这些化合物含有—C═X(X为O、S、N、C)基团，当与此基团相连的键上具有γ氢原子时，氢原子可以转移到X原子上，同时β键断裂。大多重排是很有规律的，在预测结构上很有作用。

6. 多电荷离子峰

在质谱中，除了占绝对优势的单电荷离子，某些非常稳定的化合物分子，可以在强能量作用下失去2个或2个以上的电子，产生多电荷离子，其质荷比为$m/(2e)$或$m/(3e)$，分子离子峰m/e的1/2或1/3的位置上出现多电荷离子峰。当有多电荷离子峰出现时，表明样品分子很稳定，其分子离子峰很强。可以帮助判断分子结构中是否含有芳烃、杂环和高度共轭的不饱和键。

三、质谱分析的应用

质谱图能够提供分子结构的许多信息，是对纯物质进行鉴定的最有力工具之一。它主要应用于相对分子质量测定、化学式确定及结构鉴定等。

1. 相对分子质量的测定

利用质谱图上分子离子峰的m/z可以准确地确定该化合物的相对分子质量。一般说来，除同位素峰外，分子离子峰一定是质谱图上质量数最大的峰，它应该位于质谱图的最右端。但是,由于有些化合物的分子离子峰稳定性较差,分子离子峰很弱或不存在,给正确识别分子离子峰带来困难。因此,在判断分子离子峰时应注意以下问题: ① 分子离子稳定性的一般规律;② 分子离子峰必须符合氮规律;③ 利用碎片峰的合理性判断分子离子峰;④ 利用同位素峰识别分子离子峰;⑤ 由分子离子峰强度变化判断分子离子峰。

2. 化合物分子式的确定

根据质谱图中提供的分子离子、碎片离子、亚稳离子的化学式、质荷比、相对峰高等信息,运用各类化合物的裂解规律,分析产生各种碎片离子的途径,进而可推断化合物的分子结构。具体方法有: ① 质量精确测定法,利用高分辨质谱仪可以提供分子组成式; ② 利用同位素丰度法。

3. 分子结构的确定

在一定的实验条件下,各种分子都有自己特征的裂解模式和途径,产生各具特征的离子峰,包括其分子离子峰、同位素离子峰及各种碎片离子峰。根据这些峰的质量及强度信息,确定相对分子质量、分子式、结构特征基团,进而推断化合物的结构。

第四节 生物质谱技术及其应用

由于生物大分子(如蛋白质、酶、核酸和多糖等)具有非挥发性、热不稳定、相对分子质量大等特性,使传统的电离子轰击、化学离子源等电离技术的应用受到极大限制。20 世纪 80 年代,ESI 和 MALDI 两种软电离技术的出现使生物大分子转变成气相离子成为可能,并极大地提高了质谱测定范围,改善了测量的灵敏度,从而开拓了质谱学一个崭新的领域——生物质谱,促使质谱技术在生命科学领域获得广泛应用。生物质谱主要用于解决两个生物大分子的分析问题: 其一是精确测定生物大分子,如蛋白质、核苷酸和糖类等的相对分子质量,并提供它们的分子结构信息;其二是鉴定存在于生命复杂体系中的相互作用。

一、生物质谱技术

1. 基质辅助激光解吸飞行时间质谱

基质辅助激光解吸飞行时间质谱(MALDI - TOF MS)是近年来发展起来的一种软电离新型有机质谱,通过引入基质分子,使待测分子不产生碎片,解决了非挥发性和热不稳定性生物大分子解吸离子化的问题,是分析难挥发的有机物质的重要手段之一。其原理是: 当用一定强度的激光照射样品与基质形成的共结晶薄膜时,基质从激光中吸收能量,均匀地传递给待分析物,使待分析物瞬间气化并离子化,电离的样品在电场作用下加速飞过飞行管道。根据到达检测器的飞行时间不同而被检测，即根据离子的质荷比(m/z)与离子的飞行时间成正比来检测离子。基质在待测物离子化过程中还起着质子化或质子化试剂的作用，最大限度地保护待分析物不会因过强的激光能量导致化合物被破坏。目前使用较为广泛的基质主要有 2,5-二羟基苯甲酸、芥子酸和 α-氰基-4-羟基肉桂酸。MALDI-TOF MS 操作简便，灵敏度高，检测限达到飞摩尔(fmol)级，可测定相对分子质量范围高达 1×10^6，同许多蛋白分离方法相匹配。而且现有数据库中有充足的关于多肽 m/z 值的数据，因此成为测定生物大分子尤其是蛋白质、多肽相对分子质量和一级结构的有效工具。但 MALDI-TOF MS 存在重复性差的缺点，因此不适用于定量分析。

2. 电喷雾质谱技术

电喷雾质谱技术(ESI-MS)是一种软电离技术，1984 年由美国科学家约翰·芬恩提出，并于 2002 年获得诺贝尔奖。与 MALDI-TOF MS 在固态下完成不同，ESI-MS 是在液态下完成的，通过喷射过程中的电场进行离子化，进入连续质量分析仪。连续质量分析仪选取某一特定 m/z 值的多肽离子，并以碰撞解离的方式将多肽离子碎裂成不同电离或非电离片段，联合四极质谱或在飞行时间检测器中对电离片段进行分析并汇集成离子谱。通过数据库检索，由这些离子谱得到该多肽的氨基酸序列。依据氨基酸序列进行的蛋白鉴定，较依据多肽质量指纹进行的蛋白鉴定更准确可靠。氨基酸序列信息既可通过蛋白氨基酸序列数据库检索，也可通过核糖核酸数据库检索来进行蛋白鉴定。由于 ESI-MS 采取液相形式进样，因此可以方便地同液相色谱联用，即液相色谱-电喷雾质谱(LC-ESI-MS)。液相色谱-电喷雾质谱可对色谱分离的成分直接进行质谱在线分析，而不需要收集这些成分，因此在分析复杂化合物时非常有优势。

3. 表面增强激光解吸离子化飞行时间质谱

表面增强激光解吸离子化飞行时间质谱(SELDI-TOF MS)是新近发展迅速的一种新的质谱技术。它实际上是一种为蛋白质芯片检测而开发的质谱技术，可直接在固相的吸附了蛋白质的芯片表面，使用脉冲氮激光能量，使被捕获的靶蛋白从芯片表面电离出来，根据靶蛋白在离子装置中的飞行时间，测量出蛋白质的质量和电荷。SELDI-TOF MS 和蛋白质芯片技术结合，可以简便、快速地从各种体液及组织中获得大量蛋白质分子信息。近些年，SELDI 技术在比较蛋白质组研究领域，特别是生物标记物发现领域、临床肿瘤标志物筛选等领域取得了很大发展。

4. 电喷雾解吸电离质谱

Takts 等于 2004 年报道了一项新的解吸技术——电喷雾解吸电离质谱(DESI-MS)，它是一种在大气压条件下进行 MS 分析的方法，结合了 ESI 和解吸离子化(DI)两大离子化技术。因此，DESI 既可分析气体、液体样品，也可分析固体样品；既可分析小分子化合物,也可分析蛋白质及其他生物样品。DESI - MS 利用电喷雾产生的带电液滴及离子直接轰击分析物的表面,待测物受到带电离子的撞击以离子的形式从表面解吸出来,然后通过 MS 仪的常压进样口进入质量分析器。DESI 离子化源不是直接利用 ESI 自身产生的离子进行 MS 分析,而是利用某些溶剂(如水和乙醇的混合溶液,有时还可加入酸性或碱性添加剂)形成的 ESI 喷射流使样品离子化。DESI 与 ESI 相似,得到的是单电荷或多电荷的分子离子。与真空状态下离子化相比,DESI 的最大优势是可以直接、快速地分析待测物,即使是生物样本,也不必进行预处理。因此,采用 DESI 进行蛋白质序列分析具有分析速度快、易于自动化的特点。

二、生物质谱技术的应用

1. 蛋白质和多肽的分析

(1) 相对分子质量测定:相对分子质量是蛋白质、多肽最基本的物理参数之一,是蛋白质、多肽识别与鉴定中首先需要测定的参数。相对分子质量的大小是影响蛋白质生物活性的重要因素之一,生物质谱可测定生物大分子相对分子质量高达 40 万,准确度高达 0.001%～0.1%,远远高于目前常规应用的 SDS 电泳与高效凝胶色谱技术。

(2) 肽谱测定:肽谱是基因工程重组蛋白结构确认的重要指标,也是蛋白质组研究中大规模蛋白质识别和新蛋白质发现的重要手段。通过与特异性蛋白酶解相结合,生物质谱可测定肽质量指纹谱(peptide mass fingerprint, PMF),并给出全部肽段的准确分子质量,结合蛋白质数据库检索,可实现对蛋白质的快速鉴别和高通量筛选。

(3) 肽序列测定技术:串联质谱技术可直接测定肽段的氨基酸序列。从一级质谱产生的肽段中选择母离子,进入二级质谱,经惰性气体碰撞后肽段沿肽链断裂,由所得到的各肽段质量数差值推断肽段序列,用于数据库查寻,称为肽序列标签技术(peptide sequence tag, PST)。目前广泛应用于蛋白质组研究中的大规模筛选。与传统的 Edman 降解末端测序技术相比,生物质谱具有不受末端封闭的限制、灵敏度高、速度快的特点。另外,一种间接的肽序列测定技术即肽阶梯序列技术(peptide ladder sequence),通过末端酶解或化学降解,产生一组相互之间差一个氨基酸残基的多肽系列,经 MALDI - TOF MS 鉴定后,由所得到的肽阶梯图中各肽段的相对分子质量差值确定末端的氨基酸序列,从而用于数据库查寻。

(4) 巯基和二硫键定位:二硫键在维持蛋白、多肽三级结构和正确折叠中具有重要作用,同时也是研究翻译后修饰时经常面临的问题,自由巯基在研究亚基之间及蛋白与其他物质相互作用中具有重要意义。利用碘乙酰胺、4 -乙烯吡啶、2 -巯基苏糖醇等试剂对蛋白质进行烷基化和还原烷基化,结合蛋白酶切、肽谱技术,利用生物质谱的准确的相对分子质量测定,可实现对二硫键和自由巯基的快速定位与确定。

(5) 蛋白质翻译后修饰:蛋白质在翻译中或翻译后由于不同功能的需要会进行多种

修饰,其中最常见的是磷酸化和糖基化。这些翻译后修饰也是影响生物活性的一个重要因素。传统的 Edman 降解技术会破坏蛋白质修饰,降解方法虽能得到糖链并鉴定,却不能进行糖链的准确定位。结合肽谱和脱磷酸酶作用,目前已可以用 MALDI - TOF MS 对双向电泳分离蛋白质磷酸化位点进行定位。串联质谱技术中子离子扫描模式可以快速选择被修饰片段,然后可根据特征丢失确定修饰类型,是目前最有效的对蛋白质翻译后修饰进行识别与鉴定的分析手段。鉴于修饰的多样性,目前已有学者结合生物质谱技术。通过分析数千例蛋白质翻译后修饰,建立蛋白质修饰数据库 FindMod,其完善和发展必将推动蛋白质大规模鉴定的进程。

(6) 生物分子相互作用及非共价复合物:蛋白质与其他生物分子相互作用在信号传导、免疫反应等生命过程中起重要作用。软电离技术的发展,促进了生物质谱在蛋白质复合物研究中的应用,目前已涉及分子伴侣对蛋白折叠作用、蛋白/DNA 复合物、RNA/多肽复合物、蛋白质-过渡金属复合物及蛋白- SDS 加合物等多种类型的复合物的结构及结合位点的研究。

二、多糖结构测定

多糖的免疫功能是近年来研究的热点领域,其结构的测定是功能研究的基础。多糖不像蛋白质和核酸,其少数的分子即可由连接位点的不同而形成复杂多变的结构,因而难以用传统的化学方法进行研究。生物质谱具备了测定多糖结构的功能,配以适当的化学标记或酶降解,就可对多糖结构进行研究。采用 MALDI - TOF MS 对糖蛋白中的寡糖侧链进行分析,包括糖基化位点、糖苷键类型、糖基连接方式以及寡糖序列测定等。与传统的化学方法相比,质谱技术具有操作简便、省时、结果直观等特点。

三、寡核苷酸和核酸的分析

目前,生物质谱已经实现对数十个碱基寡核苷酸的相对分子质量和序列测定。基因库中已拥有 300 万个单核苷酸多态性片段(SNP),它是一类基于单碱基变异引起的 DNA 多态性。在鉴定和表征与生物学功能及人类疾病相关的基因时,它可作为关联分析的基因标志。质谱可以通过准确的相对分子质量测定,确定 SNP 与突变前多态性片段相对分子质量差异,由相对分子质量的变化可推定突变方式。一种快速而经济的方法是利用 DNA 芯片技术和质谱检测相结合,将杂交至固定化 DNA 阵列上的引物进行聚合酶链反应(PCR)扩增后,直接用质谱对芯片上 SNP 进行检测。该法将所需样品的体积由微升减至纳升,且有利于自动化和高通量的测定。该法既节省时间又适于高通量分析,有利于特异性基因的定位、鉴定和功能表征。

四、药物代谢

近年来质谱在药物代谢方面的研究进展迅速。其主要研究药物在体内过程中发生的变化，阐明药物作用的部位、强弱、时效及毒副作用，从而为药物设计、合理用药提供实验和理论基础。特别是采用生物技术获得的大分子药物的体内代谢研究，更是传统的研究手段难以解决的难题。体内药物或代谢物浓度一般很低，而且很多情况下需要实时检测，而质谱的高灵敏度和高分辨率以及快速检测则为代谢物鉴定提供了保证。LC-ESI-MS-MS在这方面有独特的优势。由于对液态样品和混合样品的分离能力高，可通过二级离子碎片寻找原型药物并推导其结构。LC-ESI-MS-MS已广泛地应用于药物代谢研究中一期生物转化反应和二期结合反应产物的鉴定、复杂生物样品的自动化分析以及代谢物结构阐述等。

五、微生物鉴定

微生物的检验在环境监测、农产品分析、食品加工、工业应用、卫生机构维护及军事医学中都很重要，其重点主要在于微生物的分类鉴定上。由于微生物成分一般不是特别复杂，目前的ESI和MALDI技术已可以在全细胞水平上展开。利用MALDI-MS或ESI-MS对裂解细胞直接检测，测定全细胞指纹谱，找出种间和株间特异保守峰作为生物标记(bio-marker)，以此来进行识别。生物除污(bioremediation)是利用微生物把污染物转换为低害或无害物。特异降解微生物的选择及其代谢性能的鉴定是该技术的关键。MALDI-TOF-MS技术可用于监测细菌的降解能力以及在外界刺激条件下细菌蛋白质组的变化。

随着生命科学及生物技术的迅速发展，生物质谱不仅成为有机质谱中最活跃、最富生命力的前沿研究领域之一，更成为多肽和蛋白质分析最有威力的工具之一。串联质谱是肽序列分析的最先进方法，但还存在一个问题，即分析串联质谱数据所代表的序列是一项费时费力的工作，这就对序列分析算法和软件等生物信息学交叉学科研究模式提出了严峻要求。在发展新技术的同时，还应该重视现有蛋白质组学研究技术的整合和互补，多种技术的联合应用可以全面、系统、综合地分析蛋白质的特征功能，强有力地推动人类基因组计划及其后基因组计划的实施。

思 考 题

1. 简述质谱仪的组成部分及其作用，并说明质谱仪主要性能指标的意义。
2. 质谱仪中常见的电离源和质量分析器有哪些？
3. 常见的质谱联用技术有哪些？并说明其联用后的优点。
4. 质谱图的表示方法及相关术语有哪些？
5. 质谱图中主要离子峰的类型有哪些？我们从中可以获得哪些信息？
6. 简述生物质谱技术的主要类型及其应用。

第十三章　圆二色光谱

圆二色光谱是应用最为广泛的测定蛋白质二级结构的方法，是研究稀溶液中蛋白质构象的一种快速、简单、较准确的方法。它可以在溶液状态下测定，较接近其生理状态。而且测定方法快速简便，对构象变化灵敏，所以它是目前研究蛋白质二级结构的主要手段之一，并已广泛应用于蛋白质的构象研究中。

第一节　基本原理

一、圆二色性

光是一种电磁波，电磁波是横波，是一种在各个方向上振动的射线。在光的传播方向上，光矢量只沿一个固定的方向振动，这种光称为平面偏振光，如图 13-1 所示。由于光矢量端点的轨迹为一直线，又叫作线偏振光。光矢量的方向和光的传播方向所构成的平面称为振动面。线偏振光的振动面固定不动，不会发生旋转。绝大多数光源都不发射线偏振光而发射自然光，需要起偏器才能获得线偏振光。

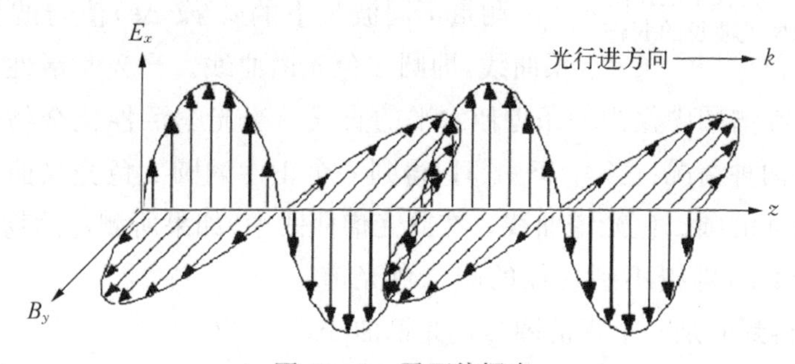

图 13-1　平面偏振光

自然光通过起偏器（偏振片或 Nicol 棱镜）后产生平面偏振光。平面偏振光可分解为振幅和频率相同、旋转方向相反的两圆偏振光。其中电矢量以顺时针方向旋转的称为右旋圆偏振光，其中以逆时针方向旋转的称为左旋圆偏振光。两束振幅和频率相同、旋转方向相反的偏振光也可以合成为一束平面偏振光。如果两束偏振光的振幅（强度）不相同，则合成的将是一束椭圆偏振光。

能使射入物质的平面偏振光的偏振面旋转的物质称为旋光性物质或光学活性物质。具有手性结构的分子才有光学活性。当平面偏振光通过含有某些光学活性的化合物液体或溶液时，这些物质对左、右旋平面偏振光的吸收率不同，其产生的光吸收差值称为该物质的圆二色性(circular dichroism, CD)。

圆二色性用摩尔系数系数差 $\Delta\varepsilon_M$ 来度量，且有关系式：$\Delta\varepsilon=\varepsilon_L-\varepsilon_R$，其中，$\varepsilon_L$和$\varepsilon_R$分别表示左和右偏振光的摩尔吸收系数。如果 $\varepsilon_L-\varepsilon_R>0$，则 $\Delta\varepsilon$ 为“+”，有正的圆二色性，相应于正 Cotton 效应；如果 $\varepsilon_L-\varepsilon_R<0$，则 $\Delta\varepsilon_M$ 为“−”，有负的圆二色性，相应于负 Cotton 效应。

这种吸收差的存在，造成了矢量的振幅差，因此从圆偏振光通过介质后变成了椭圆偏振光。圆二色性也可用椭圆率 θ 或摩尔椭圆率$[\theta]$度量。$[\theta]$和 $\Delta\varepsilon$ 之间的关系式：$[\theta]=3\,300\Delta\varepsilon$。

二、圆二色光谱

光学活性物质对左右旋圆偏振光的吸收率之差 $\Delta\varepsilon=\varepsilon_L-\varepsilon_R$ 是随入射偏振光的波长变化而变化的，如图 13-2 所示。

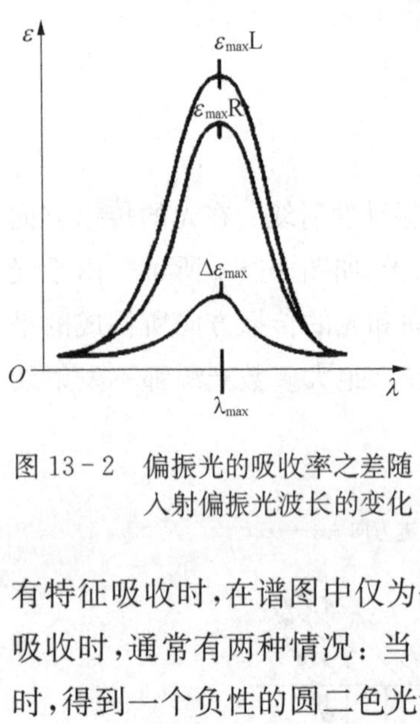

图 13-2 偏振光的吸收率之差随入射偏振光波长的变化

如果以不同波长的平面偏振光的波长 λ 为横坐标，以吸收系数之差 $\Delta\varepsilon=\varepsilon_L-\varepsilon_R$ 为纵坐标作图，得到的图谱即是圆二色光谱，简称 CD 光谱。圆二色光谱是一种差光谱，是样品在左右旋偏振光照射下的吸收光谱差值。

由于 $\Delta\varepsilon$ 绝对值很小，常用摩尔椭圆率$[\theta]$来代替，两者的关系是

$$[\theta]=3\,300\Delta\varepsilon=3\,300(\varepsilon_L-\varepsilon_R)$$

测量不同波长下的 θ(或 $\Delta\varepsilon$)值与波长 λ 之间的关系曲线，即圆二色光谱曲线。当光学活性化合物对光没有特征吸收时，在谱图中仅为一条近似水平的直线。当光学活性化合物对光存在特征吸收时，通常有两种情况：当 $\varepsilon_L>\varepsilon_R$ 时，得到一个正性的圆二色光谱曲线；当 $\varepsilon_L<\varepsilon_R$ 时，得到一个负性的圆二色光谱曲线。在此光谱曲线中，如果所测定的物质没有特征吸收，则其 $\Delta\varepsilon$ 值很小，即得不到特征的圆二色光谱。

当 $\varepsilon_L>\varepsilon_R$ 时，得到的是一个正的圆二色光谱曲线，即被测物质为右旋；当 $\varepsilon_L<\varepsilon_R$ 时，则得到一个负的圆二色光谱曲线，即被测物质为左旋，如图 13-3 所示。

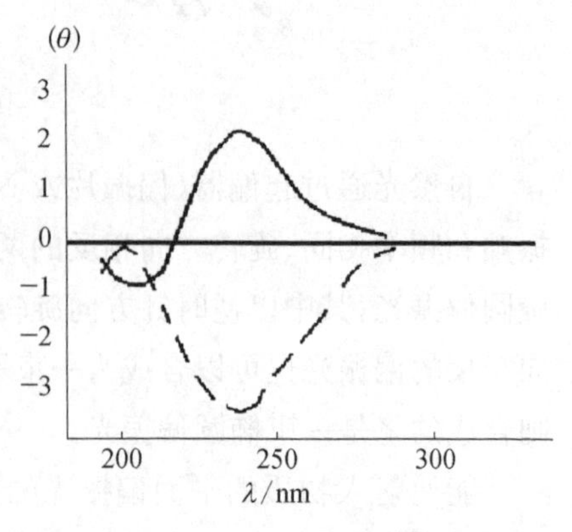

图 13-3 圆二色光谱曲线

圆二色光谱表示的$[\theta]$或 $\Delta\varepsilon$ 与波长之间的关系，可用圆二色谱仪测定。一般仪器直接测定的是椭圆率 θ，可换算成$[\theta]$和 $\Delta\varepsilon_M$：

$$[\theta]=\frac{100\theta}{cl}, \Delta\varepsilon=\frac{\theta}{33cl}$$

式中，c 表示物质在溶液中的浓度，单位为 mol/L；l 为光程长度(液池的长)，单位为 cm。

第二节 圆二色光谱仪的基本构造

一、圆二色光谱仪的基本构造

实验中用相同强度、相同频率的左、右旋圆偏振光交替照射样品，测量通过样品后相应的左、右旋圆偏振光分量的强度 I_L 和 I_R(直接测量法)即可推导得到摩尔椭圆率$[\theta]$。根据圆二色光谱法的原理和测试要求设计制成的仪器称为圆二色光谱仪。圆二色光谱仪的基本结构见图 13-4。

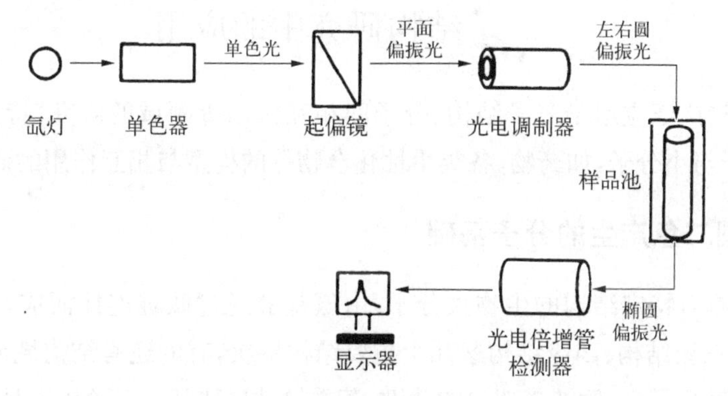

图 13-4 圆二色光谱仪的基本结构示意图

光源为大功率的氙灯，如 450 W 的氙灯，在 160～1 000 nm 范围内呈连续光谱，光强随频率变化较小，且长期稳定。单色器的精度可达 0.1 nm。起偏器使通过的光不仅是单色光，而且是平面偏振光，其辐射通过单色器和起偏器后，就成为两束振动方向相互垂直的偏振光。光电调制器通常是一块压电材料(如石英晶体)，在其上施加几十千赫兹的高频交流电压，其作用是将单色的平面偏振光以这种频率交替地变换为左、右旋圆偏振光。样品杯由高度均匀的熔融石英制成，它不会带来附加的圆二色性，也不会对光产生散射。当左、右旋圆偏振光通过样品池中的被测物质，样品使左、右旋圆偏振光变为椭圆偏振光。这两束圆偏振光通过样品时产生的吸收差由光电倍增管接受检测。测试时要通入氮气赶走管路中的水蒸气和光源产生的臭氧(臭氧会腐蚀反射镜)。光电倍增管将光信号转变为电信号并放大，在计算机数据处理后得到不同波长相应的椭圆率。

二、样品准备及条件选择

圆二色光谱测量中的多数生物样品为溶液状态。样品的浓度根据样品的性质、测量的波长范围等因素决定。杯的光径在 0.1～50 mm。一般样品的浓度与杯的光径相配合，使被测样品的 OD 值不大于 2。为了尽量减少溶剂的影响，在可能的条件下应提高样品的浓度而缩短光径。

样品必须保持一定的纯度，不含光吸收的杂质；溶剂必须在测定波长，没有吸收干扰；样品能完全溶解在溶剂中，形成均一透明的溶液；缓冲液和溶剂在配制溶液前要做单独的检查，看是否在测定波长范围内有吸收干扰，看是否形成沉淀和胶状物质；在蛋白质测量中，经常选择透明性极好的缓冲体系或高纯水。

当测定蛋白等样品的远紫外光谱时，必须增加氮气的流量，以避免臭氧吸收氙灯产生的紫外光，干扰光谱的测定。椭圆率和摩尔椭圆率都依赖于测量条件，因此，温度、波长和样品浓度应该特别注明。

第三节　圆二色光谱在蛋白质结构研究中的应用

圆二色光谱广泛应用于分子结构、分子间相互作用等领域的研究，特别是生物大分子、生物大分子与小分子，如药物、各类手性化合物等的构型与相互作用的研究。

一、蛋白质圆二色产生的分子基础

蛋白质是具有特定结构的生物大分子，由氨基酸通过肽键连接而成，它具有一级结构、二级结构、三级结构、四级结构这几个主要结构层次，有的还有结构域或超二级结构。在蛋白质和多肽分子中，肽链骨架中的肽键、芳香氨基酸残基及二硫桥键是主要的光活性生色基团，当平面圆偏振光通过时，这些生色基团对左右圆偏振光的吸收不同，造成偏振光矢量的振幅差，使得圆偏振光变成了椭圆偏振光，就产生了蛋白质的圆二色性。

二、蛋白质圆二色特征

蛋白质的圆二色光谱主要是活性生色基团及折叠结构两方面圆二色性的总和。根据电子跃迁能级能量的大小，蛋白质的圆二色光谱分为三个波长范围。

(1) 190～250 nm 的远紫外光谱区：由圆二色性主要肽键的 $n \rightarrow \pi^*$ 电子跃迁引起，这一波长范围的圆二色光谱包含了生物大分子主链构象的信息，α-螺旋构象的圆二色光谱在 222 nm、208 nm 处呈负峰，在 190 nm 附近有一个正峰。β-折叠构象的圆二色光谱，在 217～218 nm 处有个一负峰，在 195～198 nm 处有一个强的正峰。无规则卷曲构象的圆二色光谱在 198 nm 附近有一个负峰，在 220 nm 附近有一个小而宽的正峰，图 13-5 是圆二色光谱仪测定蛋白质二级结构的特征分布，从图 13-5 可以看到，蛋白质二级结构的特征峰谱带有明显的特点。

(2) 250～300 nm 的近紫外光谱区：主要由侧链芳香基团的 $\pi \rightarrow \pi^*$ 电子跃迁引起，近紫外区的圆二色光谱反映了芳香族氨基酸残基和二硫键在不对称环境中的圆二色性，主要揭示蛋白质的三级结构信息；研究不对称微环境的变化和影响，对肽键在远紫外区的圆

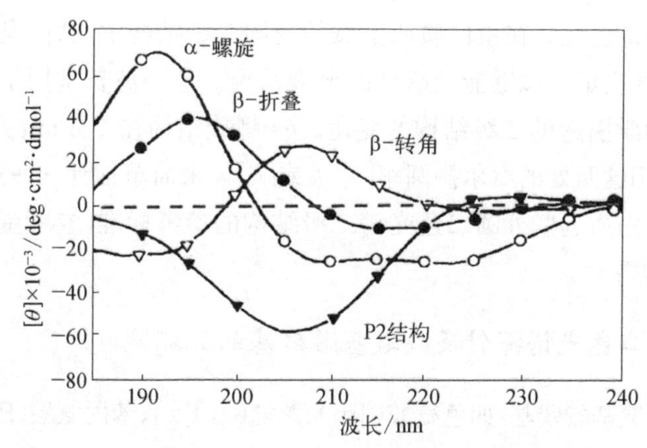

图 13-5 蛋白质二级结构的远紫外圆二色光谱特征分布图

圆二色光谱的单位被定义为椭圆率(ellipticity),对于蛋白质,文献中通常使用(mean residue ellipticity)表示,单位为 deg · cm^2 · dmol^{-1}

二色信号并不造成干扰,在研究中可以将这些信息作为光谱探针。

(3) 300～700 nm 的紫外-可见光光谱区:主要由蛋白质辅基等外在生色基团引起,紫外-可见光谱主要用于辅基的偶合分析。

三、圆二色光谱在蛋白质结构研究中的应用

圆二色光谱在蛋白质结构研究中的应用越来越广泛。通过对远紫外圆二色光谱的测量,可以推导出稀溶液中蛋白质的二级结构,进而分析和辨别蛋白质的三级结构类型;通过对近紫外圆二色光谱的测量和分析,可以推断蛋白质分子中芳香氨基酸残基和二硫键的微环境变化,研究介质与蛋白质结构间的关系;通过测定实验参数和环境条件变化时的圆二色光谱,可以研究蛋白质构象变化过程中的热力学和动力学特性。

1. 远紫外圆二色光谱分析蛋白质二级结构

利用远紫外圆二色光谱数据可以计算蛋白质二级结构的分量,分析辨认蛋白质的三级结构类型。根据分子结构中不同类型的片段分量,可以将其分成几种结构类型,如表 13-1 所示。

表 13-1 蛋白质不同结构的划分标准

结构类型	结构特征
全α型	以仅α-螺旋结构为主,其分量大于 40%,而β-折叠的分量小于 5%
全β型	以β-折叠这种结构为主,其分量大于 40%,而α-螺旋的分量小于 5%
α+β型	α-螺旋及β-叠折分量都大于 15%,这两种结构在空间上是分离的,且超过 60%的折叠链是反平行排列的
α/β型	α-螺旋和β-折叠含量都大于 15%,它们在空间上是相间的,且超过 60%的折叠链是平行排列的

远紫外圆二色光谱分析蛋白质二级结构的方法,主要是运用计算机采用一定的拟合算法对圆二色光谱数据进行加工处理,进而解析蛋白质二级结构。远紫外区圆二色光谱

主要反映肽键的圆二色性。在蛋白质或多肽的规则二级结构中，肽键是高度有规律排列的，其排列的方向性决定了肽键能级跃迁的分裂情况。单一波长常用于测定蛋白质或多肽由动力学或热力学引起的二级结构的变化。α-螺旋结构在 208 nm 及 222 nm 处有特征吸收峰，可以利用这两处的摩尔椭圆率$[\theta]_{208}$或$[\theta]_{222}$来简单估计 α-螺旋的含量。参考蛋白是拟合未知蛋白质远紫外圆二色光谱二级结构的参考标准，参考蛋白的选取将影响圆二色光谱拟合结果。

2. 近紫外圆二色光谱探针反映氨基酸残基的微环境

蛋白质中芳香氨基酸残基，如色氨酸(Trp)、酪氨酸(Tyr)、苯丙氨酸(Phe)及二硫键处于不对称微环境时，在近紫外区 250～320 nm 处，表现出圆二色性信号。另外芳香氨基酸残基在远紫外光谱区也有圆二色性信号，二硫键的变化信息反映在整个近紫外圆二色光谱上。实际的近紫外圆二色光谱形状与大小受蛋白质中芳香氨基酸的种类、所处环境(包括氢键、极性基团及极化率等)及空间位置结构(空间位置小于 1 nm 的基团形成偶极子，虽然这对圆二色光谱的贡献不是很明显)的影响。近紫外圆二色光谱可作为一种灵敏的光谱探针，反映 Trp、Tyr 和 Phe 及二硫键所处微环境的扰动，能应用于研究蛋白质三级结构的精细变化。总体来说，在 250～280 nm 处，由于芳香氨酸残基的侧链的谱峰常因微区特征的不同而改变，不同谱峰之间可能产生重叠。Krell 等研究发现，来自 Streptomyces coelicolor 的野生型与突变型脱氢奎尼酸酶(dehydroquinase)的远紫外圆二色光谱几乎没有发生变化，即二级结构没有发生明显变化，而其近紫外圆二色光谱却发生较为明显的变化，即较之二级结构，突变型 dehydroquinase 的三级结构可能发生了较为明显变化，如图 13-6 所示。

3. 蛋白质圆二色光谱定量分析原理和方法

(1) 基本原理。假设蛋白质在波长 λ 处的圆二色性信号是蛋白质中各种二级结构组分的线性加和，则有

$$C_{\lambda} = \sum f_i C_{\lambda i} \qquad \text{式(13-1)}$$

假设溶液态蛋白质与晶体中的二级结构相同，则可利用已知二级结构的蛋白质或多肽的圆二色光谱作为参考数据，对未知蛋白质的二级结构进行拟合计算，能得出 α-螺旋、β-折叠、β-转角、无规线团等结构所占的比例。

用于拟合的参考蛋白质共有 48 种，包括 Johnson 等报道的 29 种，Keiderling 等报道的 5 种，Yang 等报道的 6 种及 Sreerama 等报道的 3 种球蛋白和 5 种失活蛋白质。

(2) 计算方法和拟合程序。已报道的计算方法和拟合程序较多，按先后分别有：多级线性回归，拟合程序为 G&F、LINCOMB、MLR；峰回归，拟合程序为 CONTIN；单值分解，拟合程序为 SVD；凸面限制，拟合程序为 CCA；神经网络，拟合程序为 K2D；自洽方法，拟合程序为 SELCON；近期发展的一种联用方法，拟合程序为 CDSSTR。

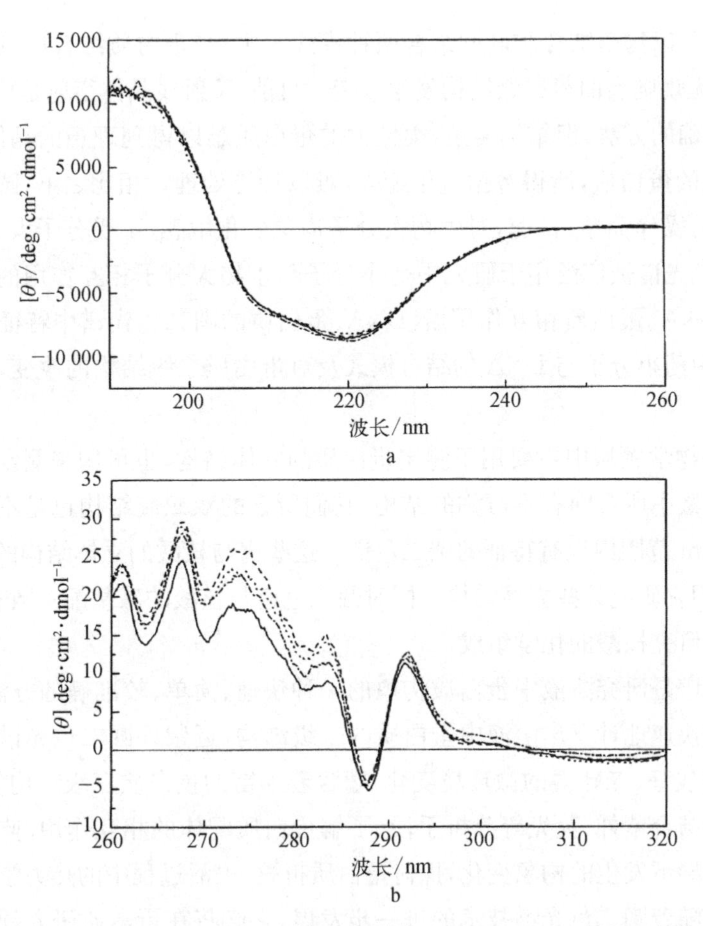

图 13-6　野生型与突变型脱氢奎尼酸酶 dehydroquinase 的 CD 光谱

a. 远紫外 CD 光谱；b. 近紫外 CD 光谱：实线-野生型，虚线-不同的氨基酸突变型

CDSSTR 是 Johnson 综合了几种方法的特点，发展起来的一种新的计算拟合方法。其特点是只需要最少量的参考蛋白质，就能得到较好的分析结果。拟合计算时，先从已知精确构象的蛋白质中任意挑选，组成参考蛋白质。每次组合结果应满足 3 个基本选择条件：其一是满足各二级结构分量之和应在 0.95～1.05；其二是满足各二级结构的分量应大于−0.03；其三是满足实验光谱与计算光谱间的均方根应小于 0.25。最后的拟合结果是能满足以上 3 个规则所有结果的平均值。

随着光学技术发展及同步加速器辐射圆二色(SRCD)光谱技术的发展，远紫外测量光谱可以拓宽到 190 nm 以下的真空远紫外区。由于在这一 CD 光谱区域内，包含着更为丰富的蛋白质二级结构信息，这一光谱区域的参考蛋白质的圆二色光谱及拟合运算方法也已成为研究热点。

4. 圆二色光谱的其他应用

圆二色光谱在药物小分子与 DNA、蛋白质相互作用中得到应用。小分子药物与

DNA 相互作用，以沟槽结合和嵌插结合两种模式为主；与蛋白质结合后，通常使其 α-螺旋、β-转角和无规则卷曲等二级结构发生改变。目前，X 射线晶体衍射是检测生物大分子构象变化最准确的方法，但结构复杂、柔性大的蛋白质难以得到理想的晶体结构，且对于分子质量较大的蛋白质，所得数据过于庞大，难以计算处理。相比之下，圆二色光谱则具有样品用量少，操作简单、快速，对生物大分子构象变化敏感，不受分子大小限制等优点。近年来，圆二色光谱被广泛用于研究中药小分子与生物大分子相互作用的研究。根据中药小分子与 DNA、蛋白质相互作用后，DNA、蛋白质的圆二色光谱中特征峰的强度改变及位移，可知中药小分子与 DNA 的结合模式及对蛋白质二级结构的改变，并可计算改变的程度。

在分子生物学领域中主要用于测定蛋白质的立体结构，也可用来测定核酸和多糖的立体结构。核酸中所含糖有不对称的结构，它们所含的双螺旋结构也是不对称的。它们在 185～300 nm 范围内也有特征的圆二色谱。这些谱与核酸的立体结构的关系虽不甚显著，但也可以用它研究某些立体结构。同时圆二色谱与核酸的碱基配对数有关系，因此也可用圆二色谱研究核酸的化学组成。

圆二色光谱是研究溶液中蛋白质构象的一种快速、简单、较准确的方法，远紫外圆二色光谱数据能快速地计算出溶液中蛋白质的二级结构；近紫外圆二色光谱可灵敏地反映出芳香氨基酸残基、二硫键的微环境变化，蕴含着丰富的蛋白质三级结构信息。另外，圆二色光谱还能结合紫外、荧光等分析手段，了解蛋白质配体的相互作用，监测蛋白质分子在外界条件诱导下发生的构象变化，探讨蛋白质折叠、失活过程中的热力学与动力学等多方面的研究。随着圆二色光谱技术的进一步发展，它必将在蛋白质研究领域中发挥重要的作用。

思 考 题

1. 什么是远紫外圆二色光谱和近紫外圆二色光谱？各有什么应用？
2. 蛋白质和核酸具有圆二色性的原因是什么？
3. 了解蛋白质结构的变化会引起圆二色光谱发生什么变化？
4. 了解圆二色谱仪在生物大分子结构测定中的应用。
5. 如何利用圆二色光谱对蛋白质二级结构进行定量分析？